1 MONTH OF FREE READING

at

www.ForgottenBooks.com

By purchasing this book you are eligible for one month membership to ForgottenBooks.com, giving you unlimited access to our entire collection of over 1,000,000 titles via our web site and mobile apps.

To claim your free month visit:

www.forgottenbooks.com/free471767

* Offer is valid for 45 days from date of purchase. Terms and conditions apply.

ISBN 978-0-666-24414-7
PIBN 10471767

This book is a reproduction of an important historical work. Forgotten Books uses state-of-the-art technology to digitally reconstruct the work, preserving the original format whilst repairing imperfections present in the aged copy. In rare cases, an imperfection in the original, such as a blemish or missing page, may be replicated in our edition. We do, however, repair the vast majority of imperfections successfully; any imperfections that remain are intentionally left to preserve the state of such historical works.

Forgotten Books is a registered trademark of FB &c Ltd.
Copyright © 2018 FB &c Ltd.
FB &c Ltd, Dalton House, 60 Windsor Avenue, London, SW19 2RR.
Company number 08720141. Registered in England and Wales.

For support please visit www.forgottenbooks.com

Zwanzigster Bericht

der

Oberhessischen Gesellschaft

für

Natur- und Heilkunde.

Mit 3 lithographirten Tafeln.

Gießen,
im August 1881.

Inhalt.

	Seite
W. C. Röntgen, Ueber die durch Elektricität bewirkten Form- und Volumenänderungen von dielektrischen Körpern. Mit 1 Tafel	1
Derselbe, Ueber Töne, welche durch intermittirende Bestrahlung entstehen	19
Carl Fromme, Ueber die elektromotorische Kraft der aus Zink, Schwefelsäure und Platin resp Kupfer, Silber, Gold und Kohle gebildeten galvanischen Combinationen. Mit 2 Tafeln	23
W. C. Röntgen, Versuche über die Absorption von Strahlen durch Gase; nach einer neuen Methode ausgeführt	52
H. Hoffmann, Nachträge zur Flora des Mittelrhein-Gebietes. Fortsetzung	65
Hermann Sommerlad, Vorläufiger Bericht über hornblendeführende Basalte	113
Anlage A. Verzeichnifs der Akademien, Behörden, Institute, Vereine und Redactionen, welche von Ende Juni 1880 bis Ende Juli 1881 Schriften eingesendet haben	116
Anlage B. Geschenke	128
„ C. Gekaufte Werke	129
„ D. Bericht über die vom Juli 1880 bis Juli 1881 in den Monatssitzungen gehaltenen Vorträge. Vom I. Secretär	129

I.

Ueber die durch Elektricität bewirkten Form- und Volumenänderungen von dielektrischen Körpern.

Von W. C. Röntgen.

Hierzu Tafel I.

Die Literatur über die sogenannte „elektrische Ausdehnung" *) ist in der letzten Zeit durch eine sehr umfangreiche und ausführliche Abhandlung des Hrn. Quincke **) vermehrt worden. Jene Abhandlung enthält im Wesentlichen: erstens eine experimentelle Prüfung der insbesondere von Hrn. Duter und Hrn. Righi aufgefundenen Gesetzmäſsigkeiten über die „elektrische Ausdehnung", zweitens eine Begründung der vom Hrn. Verf. adoptirten Ansicht, daſs die beobachteten Erscheinungen nur durch die Annahme einer neuen, merkwürdigen Wirkung der Elektricität zu erklären seien und drittens den Versuch zu einer auf dieser Ansicht basirten Erklärung der von Hrn. Kerr und mir beobachteten elektrooptischen Erscheinungen.

---

*) Volta, Lettere inedite di Volta. Pesaro, p. 15 (1834).
Govi, Compt. rend. LXXXVII, p. 857 (1878).
Duter, Compt. rend. LXXXVII, p. 828, 960, 1036 (1878) und LXXXVIII, p. 1260 (1879).
Righi, Compt rend. LXXXVIII, p. 1262 (1879).
Korteweg, Wied. Ann. IX, S. 48 (1880).
**) Quincke, Wied. Ann. X, S. 161, 374, 513 (1880).

Ich habe die Abhandlung des Hrn. Quincke sorgfältig studirt und die darin mitgetheilten Resultate verglichen mit den Ergebnissen von Versuchen und Berechnungen, die ich zum Theil schon in den Jahren 1876 und 1877 über denselben Gegenstand angestellt habe. Es ist mir nun nicht gelungen immer zu denselben Schlufsfolgerungen zu gelangen wie Hr. Quincke; insbesondere kann ich die soeben erwähnte Auffassung des Hrn. Verf. nicht theilen, dafs die von ihm beschriebenen Erscheinungen nur zu erklären seien durch die Annahme einer eigenthümlichen, durch die Elektricität erzeugten, allseitigen Dilatation oder Contraction des Dielektricums, welche der durch Temperaturänderungen verursachten durchaus ähnlich, aber nicht etwa durch solche hervorgerufen wäre. Ich habe keine Veranlassung meine früher gefafste Meinung zu ändern, dafs die *bisherigen* Versuche über die Form- und Volumenveränderungen von Dielektrica, auf welche elektrische Kräfte wirken, durchaus nicht gestatten mit einiger Sicherheit auf das Vorhandensein einer besonderen Wirkung der statischen Elektricität auf die Theilchen des Dielektricums zu schliefsen; ich glaube dafs keine als unzweifelhaft richtig verbürgte Beobachtung vorliegt, welche in directem Widerspruch stünde mit der zunächst liegenden Annahme, dafs die betreffenden Aenderungen hervorgebracht werden einmal durch die gegenseitige Anziehung der ungleichnamig elektrischen Theilchen des Dielektricums und die dadurch bedingte Compression („elektrische Compression") desselben, und zweitens durch Temperaturänderungen des Dielektricums, welche beim Elektrisiren desselben eintreten.

Das Folgende enthält eine eingehende Prüfung der auf S. 513 ff. der angeführten Abhandlung zusammengestellten Ueberlegungen und Thatsachen, welche nach Angabe des Hrn. Quincke gegen die Annahme einer elektrischen Compression sprechen, sowie der Einwände, welche Hr. Quincke gegen eine Erklärung der beobachteten Erscheinungen durch Erwärmung des Dielektricums erhebt. Zum Schlufs möchte ich einige Versuche mittheilen, welche ich mit Flüssigkeiten im Laufe des vergangenen Winters und in diesem Sommer angestellt habe, und welche zu wesentlich anderen Resultaten geführt haben als die des Hrn. Quincke.

Auf S. 513 heifst es :

„§ 27. Unwahrscheinlichkeit einer elektrischen Compression. Man könnte denken, dafs durch die Anziehung der entgegengesetzten Elektricitäten auf beiden Condensatorbelegungen die Glasdicke verkleinert und durch diese „elektrische Compression" indirect das Volumen der Thermometerkugel vergröfsert werde."

Darauf wird die Voraussetzung gemacht :

„Die mittlere Schicht der Glaskugel vom Radius ϱ bleibt bei der Compression ungeändert."

Und nun folgt eine kurze Berechnung, durch welche gezeigt wird, dafs bei dieser Voraussetzung die Volumendilatation des Hohlraums der Kugel $\frac{\varDelta v}{v}$ umgekehrt proportional dem Durchmesser der Kugel sein müfste.

„Meine in Tabelle 5 und Tabelle 10 zusammengestellten Versuche lassen jedoch keinen Einflufs des Kugeldurchmessers erkennen."

Die der Rechnung zu Grunde gelegte Voraussetzung, dafs die mittlere Schicht der Kugel unverändert bleibe, ist nun jedenfalls ganz und gar willkürlich, das Resultat der Rechnung hat deshalb keine Beweiskraft; dasselbe spricht eben so wenig gegen als für das Vorhandensein einer elektrischen Compression. — Wenn jene Voraussetzung in der That eine nothwendige Consequenz der Annahme einer elektrischen Compression wäre, so hätte es gar nicht der Rechnung bedurft um die Unhaltbarkeit dieser Annahme nachzuweisen; denn eine unveränderte Mittelschicht ist in directem Widerspruch mit der auf S. 180 ff. mitgetheilten Thatsache, dafs das innere und das äufsere Volumen der Glaskugeln beim Elektrisiren um nahezu gleichviel zunehmen.

Ich darf vielleicht hier hinzufügen, dafs mir jene Voraussetzung nicht nur willkürlich, sondern auch sehr unwahrscheinlich vorkommt. Geht man nämlich von dem Vorhandensein einer elektrischen Compression aus, so lassen sich zwar die Gesetze der Formveränderungen vor der Hand nicht mit Hülfe der Gesetze der Elektrostatik und der Elasticitätslehre strenge ableiten, da über die Vertheilung der Elektricität auf der Oberfläche und im Innern des Dielektricums zur Zeit nichts Sicheres bekannt ist und die Erscheinung meiner Ansicht nach sehr complicirter Natur ist; soviel ergiebt aber doch eine eingehende Betrachtung, dafs die Beobachtung einer nahezu gleichen Zunahme des inneren und äufseren Volumens der Thermometercondensatoren nicht unvereinbar ist mit jener Annahme und dafs folglich die besprochene Voraussetzung höchst unwahrscheinlich ist.

Hr. Quincke fährt nun fort:

„Gegen die Annahme einer elektrischen Compression spricht ferner der Umstand, dafs weicher und wenig elastischer Kautschuk, der zwei Tage mit Wasser in Berührung war, unter sonst gleichen Umständen etwa dieselbe Volumenänderung zeigt wie das viel elastischere und weniger leicht comprimirbare Glas."

Um die Bedeutung dieses Einwandes beurtheilen zu können, ist es nöthig, dafs man den § 13, welcher die Beobachtungen mit Kautschuk enthält, zu Rathe zieht.

Nach dem Durchlesen dieses § gewann ich die Ueberzeugung, dafs Kautschuk, wenigstens wenn derselbe in der dort angegebenen Weise verwendet wird, kein Material ist, mit welchem zuverlässige Resultate erhalten werden können. So giebt z. B. Hr. Quincke an, dafs der auf beiden Seiten von Wasser umgebene Kautschukschlauch für Wasser durchlässig sei, indem dasselbe durch elektrische Fortführung durch die Kautschukwand hindurch getrieben wurde; die dadurch verursachte Vermehrung oder Verminderung der Wassermenge im Innern des Schlauches verdeckt zum gröfsten Theil die zu beobachtende Volumenänderung. Dann soll sich die Isolationsfähigkeit des Kautschuks bedeutend ändern, wenn derselbe einige Zeit mit Wasser in Berührung ist; dieselbe soll durch Aufnahme von Wasser gröfser werden (!). Die Folge von diesen und anderen sehr störenden Eigenschaften des Kautschuks ist, erstens dafs die Erscheinungen noch unregelmäfsiger und complicirter werden als bei Glas und zweitens, dafs die erhaltenen Zahlenwerthe eine sehr mangelhafte Uebereinstimmung zeigen. Jedenfalls würde ich diesen Zahlen wenig Gewicht beilegen und dieselben nicht als Stütze für die eine oder die andere Hypothese benutzen.

Uebrigens ist noch zu bemerken, dafs Hr. Quincke auf S. 200 angiebt, frischer Kautschuk zeige eine ungefähr zehnmal so grofse Volumenänderung als Glas.

Der nun folgende dritte Einwand gegen die Annahme einer elektrischen Compression stützt sich auf die von Hrn. Quincke behauptete Uebereinstimmung zwischen den beobachteten Volumenänderungen von Thermometercondensatoren aus Flintglas und solchen aus Thüringer Glas bei gleicher Glasdicke und bei gleicher Potentialdifferenz der Belegungen. Eine derartige Uebereinstimmung dürfte nämlich nach der Ansicht des Hrn. Verf. nicht vorhanden sein, wenn die Formveränderungen durch elektrische Compression erzeugt wären; es müfste in Folge der Verschiedenheit der Leitungsfähigkeiten der beiden Glassorten die Volumenzunahme beim Thüringer Glas gröfser sein als beim Flintglas. Um den Grad der Uebereinstimmung beurtheilen zu können theile ich die zwei folgenden Tabellen mit; dieselben enthalten eine gröfsere Anzahl von Hrn. Quincke beobachteter Wanddicken und Volumendilatationen (aus Tab. 5, S. 176 und Tab. 10, S. 190 entnommen), sowie die von mir auf Grund der von Hrn. Quincke aus jenen Beobachtungen abgeleiteten Gesetzmäfsigkeit, dafs unter sonst gleichen Umständen die Volumendilatationen dem Quadrate der Wanddicken umgekehrt proportional sind, berechneten Volumendilatationen für die Wanddicke 1.

Tabelle I.

Wanddicke in mm	6 Leydener Flaschen m. Elektr.-menge 20		6 Leydener Flaschen m. Elektr.-menge 10	
	Volumenänderung $\frac{\Delta v}{v} \cdot 10^6$	Volumenänderung $\frac{\Delta v}{v} \cdot 10^6$ für die Wanddicke $= 1$ mm	Volumenänderung $\frac{\Delta v}{v} \cdot 10^6$	Volumenänderung $\frac{\Delta v}{v} \cdot 10^6$ für die Wanddicke $= 1$ mm
Englisches Flintglas.				
0,142	9,865	0,199	2,984	0,060
0,207	9,036	0,387	2,669	0,115
0,258	6,491	0,432	2,300	0,153
0,321	5,234	0,539	1,579	0,163
0,297	5,425	0,479	1,600	0,141
0,271	4,533	0,333	1,589	0,117
0,319	3,631	0,369	1,154	0,117
0,286	3,258	0,267	—	—
0,346	3,149	0,377	0,940	0,112
0,407	0,866	0,144	0,287	0,048
0,591	0,273	0,095	0,069	0,024
Thüringer Glas.				
0,220	11,69	0,566	3,532	0,171
0,238	5,010	0,284	1,327	0,075
0,283	3,994	0,320	0,610	0,049
0,294	5,459	0,472	1,746	0,152
0,494	2,102	0,512	—	—
0,590	2,471	0,860	1,304	0,452
0,700	0,755	0,370	—	—

Tabelle II.

Wanddicke in mm	Schlagweite = 1 mm		Schlagweite = 2 mm	
	Volumenänderung $\frac{\Delta v}{v} \cdot 10^6$	Volumenänderung $\frac{\Delta v}{v} \cdot 10^6$ für die Wanddicke = 1 mm	Volumenänderung $\frac{\Delta v}{v} \cdot 10^6$	Volumenänderung $\frac{\Delta v}{v} \cdot 10^6$ für die Wanddicke = 1 mm
Englisches Flintglas.				
0,142	2,883	0,058	10,67	0,215
0,203	1,756	0,073	7,440	0,307
0,258	1,310	0,087	3,960	0,263
0,271	0,980	0,072	3,014	0,221
0,286	0,739	0,060	2,662	0,217
0,319	0,604	0,062	1,971	0,201
0,346	0,742	0,089	2,042	0,245
0,407	0,149	0,025	0,736	0,122
0,591	0,058	0,020	0,190	0,066
Thüringer Glas.				
0,238	1,131	0,064	4,606	0,261
0,283	0,441	0,035	1,747	0,140
0,294	0,548	0,047	2,299	0,199
0,700	0,102	0,050	0,358	0,175
0,304	6,882	0,636	18,29	1,65

Wenn die oben erwähnte Beziehung zwischen Wanddicke und Volumenänderung in aller Strenge durch die mitgetheilten Zahlen wiedergegeben wäre, und wenn Flintglas und Thüringer Glas wirklich dieselbe Volumendilatation zeigten, so müfsten die in je einer mit „Volumenänderung $\frac{\Delta v}{v} \cdot 10^6$ für die Wanddicke = 1 mm" überschriebenen Columne enthaltenen Zahlen einander gleich sein.

Ueber den Grad der vorhandenen und der erforderlichen Uebereinstimmung kann man verschiedener Meinung sein; ich glaube aber dafs die obigen Zahlen überhaupt nicht gestatten, dafs man dieselben zu dem von Hrn. Quincke verfolgten Zweck verwendet; denn erstens garantirt die Versuchsmethode des Hrn. Verf. durchaus nicht, dafs bei allen in je einer Abtheilung der obigen Tabellen zusammengestellten Versuchen auch wirklich gleiche Potentialdifferenz der Belegungen vorhanden gewesen ist, und zweitens ist es mir doch sehr fraglich, ob es eine nothwendige Consequenz der Annahme einer elektrischen Compression ist, daſs die Volumenänderungen von Flint- und thüringer Glaskugeln so sehr verschieden ausfallen; da die Gesetze der Vertheilung der Elektricität auf dem Dielektricum und im Innern desselben bis jetzt gänzlich unbekannt sind und ebenfalls nichts Bestimmtes vorliegt über die Gröſse der auftretenden Erwärmung des Dielektricums, so halte ich es mindestens für sehr gewagt die Behauptung aufzustellen, daſs die Formveränderungen der einen Glassorte gröſser sein *müssen* als die einer anderen.

Schlieſslich kann die Frage erhoben werden, wie Hr. Quincke die seiner Meinung nach vorhandene Uebereinstimmung in Einklang bringt mit seiner Hypothese einer elektrischen Ausdehnung.

Und nun die letzte Einwendung, die Hr. Quincke auf Grund seiner Beobachtungen an festen Körpern gegen die Annahme einer elektrischen Compression macht.

„Gegen die Annahme einer elektrischen Compression spricht ferner das Verhältniſs von Volumendilatation $\frac{\Delta v}{v}$ und Längendilatation $\frac{\Delta l}{l}$ bei Condensatoren derselben Wanddicke für dieselbe Schlagweite oder Potentialdifferenz beider Belegungen. Eine Vergleichung der Beobachtungen der §§ 11 und 16" (sowie die in dem folgenden § 28 mitgetheilte Untersuchung über jenes Verhältniſs bei Glascylindern) „zeigt, daſs die Volumendilatation $\frac{\Delta v}{v}$ dreimal gröſser ist als die Längendilatation $\frac{\Delta l}{l}$, unter sonst gleichen Umständen."

Daſs dieses, meiner Ansicht nach nicht überraschende Resultat gegen die besagte Annahme spricht, kann ich unmöglich zugeben. Auf S. 519 befindet sich folgende, darauf bezügliche Ueberlegung: „Angenommen, die Volumenänderung des Glascylinders rühre von elektrischer Compression her, so wird die mittlere Schicht des Cylinders vom Radius ϱ ungeändert bleiben."

Darauf folgt eine Berechnung, welche zu dem Resultat führt, dafs

$$\frac{\Delta v}{v} = \frac{4}{3} \frac{\Delta l}{l}$$

sein müfste, während die Versuche ergeben:

$$\frac{\Delta v}{v} = 3 \frac{\Delta l}{l}$$

„Es spricht diefs also ebenfalls gegen die Annahme einer Ausdehnung durch elektrische Compression."

Wir finden somit auch hier wieder die willkürliche Voraussetzung über das Verhalten der mittleren Schicht; es ist folglich an dieser Stelle dasselbe zu wiederholen, was oben bei der Besprechung des ersten Einwandes gesagt worden ist. Dadurch wird aber meines Erachtens auch dieser letzte Einwand hinfällig.

Es sei mir zum Schlufs gestattet zu bemerken, dafs ich nicht recht einzusehen vermag, wie Hr. Quincke zu der Aufstellung des für seine Hypothese allerdings wichtigen Satzes S. 515 gelangt:

„Das Resultat $\left(\frac{\Delta v}{v} = 3 \frac{\Delta l}{l}\right)$ ist insofern überraschend, als daraus folgen würde, dafs die Ausdehnung des Glases durch elektrische Kräfte wie die Ausdehnung durch die Wärme nach allen Richtungen gleichmäfsig erfolgt, unabhängig von der Richtung der wirkenden elektrischen Kräfte."

Es ist doch mit $\frac{\Delta v}{v}$ immer die relative Zunahme des von den Condensatoren eingeschlossenen Hohlraumes bezeichnet und nicht etwa die relative Volumenzunahme des Glases; es müfste meiner Meinung nach doch wohl erst durch Versuche gezeigt werden, dafs zwischen der zuletzt genannten Volumenzunahme und der Längenzunahme die angegebene Beziehung bestünde, wenn man zu dem obigen Satz gelangen will. Das ist aber nirgendwo geschehen, es ist nicht einmal nachgewiesen, daſs die Glaswand überhaupt dicker wird unter dem Einfluſs der elektrischen Kräfte.

In Bezug auf die Erklärung der beobachteten Volumenänderungen durch Temperaturerhöhung der Glaswand verhält sich Hr. Quincke weniger ablehnend. Auf S. 179 heiſst es :

„Der etwas geringere Werth der Senkung" (der Volumenvermehrung des Thermometercondensators) „bei Quecksilber als bei Wasser könnte von der besseren Wärmeleitung der ersteren Flüssigkeit herrühren. Wenn nämlich die Ausdehnung der Glaswand der Thermometerkugel von der Wärme herrührte, die der schwache Entladungsstrom der Leydener Batterie in der Glaswand von groſsem elektrischem Leitungswiderstand entwickelt, so müſste — — — — — — — — — — — — — — die Volumenänderung der Thermometerkugel bei Füllung mit Wasser gröſser als bei Füllung mit Quecksilber sein; bei dünner Glaswand auffallender, als bei dicker Glaswand, wie es in der That die Versuche ergeben."

Allerdings wird auf S. 183 aus dem gleichen Verhalten eines mit Wasser gefüllten, auſsen versilberten Thermometercondensators, wenn derselbe das eine Mal mit Luft, das andere Mal mit Wasser umgeben ist, geschlossen, daſs die Volumenänderung nicht wohl von einer Erwärmung der Glaswand herrühren könne. Aehnliche Beobachtungen mit einem Glasfadencondensator S. 384 führen Hrn. Quincke zu demselben Resultat, trotzdem die darauf bezügliche Tabelle 17 zeigt, daſs die Formveränderungen eines mit Luft umgebenen Glasfadencondensators immer gröſser sind als die eines solchen, welcher mit Wasser umgeben ist, und jene Beobachtungen folglich eher für als gegen das Vorhandensein einer Erwärmung der Glaswand sprechen. Ich gebe hier die Tabelle 17 wieder :

Gerader Flintglasfaden innen und aufsen versilbert.

Flaschenzahl	Elektricitäts- menge	Verlängerung in Milliontel der ursprünglichen Länge	
		in Luft	in Wasser
6	10	0,99	0,81
„	20	2,80	2,39
„	30	5,71	4,41
3	5	0,72	—
„	10	2,17	1,99
	15	4,41	3,69
„	20	—	5,86

Nach meiner Ansicht findet bei den Versuchen mit festen Körpern sowohl eine elektrische Compression als eine Erwärmung des Dielektricums statt; wir sind aber ganz und gar im Unklaren über die Frage, welchen Antheil die eine oder die andere Ursache an der Erscheinung hat, da die Gesetze beider bis jetzt unbekannt sind.

Die Versuche, welche Hr. Quincke über die durch Elektricität bewirkte Volumenänderung von Flüssigkeiten angestellt hat, haben zu einem höchst auffälligen und interessanten Resultat geführt: eine gröfsere Anzahl von Flüssigkeiten verhält sich derartig, dafs die beobachtete Volumenänderung durch eine den Durchgang der Elektricität begleitende Erwärmung erklärt werden könnte; dagegen findet bei Rüböl und Mandelöl eine Volumencontraction statt, welche selbstverständlich nicht mit der Annahme einer Temperaturerhöhung der Flüssigkeit vereinbar ist; Schwefeläther und Olivenöl zeigen das eine Mal eine Vermehrung, das andere Mal eine Verminderung des Volumens; die zuletzt genannten Flüssigkeiten verhalten sich überhaupt ganz unregelmäfsig.

Es ist begreiflich, dafs Hr. Quincke diese Beobachtung als eine besonders starke Stütze für seine Hypothese betrachtet.

Im vergangenen Winter habe ich in Anschlufs an meine Untersuchung über die elektrische Doppelbrechung eine Reihe von Versuchen über das Verhalten von Flüssigkeiten unter dem Einfluss von elektrischen Kräften angestellt, welche nicht zu demselben Resultat führten, zu welchem jetzt Hr. Quincke gelangt. Da unsere Versuchsmethoden etwas verschieden waren, so habe ich sofort nach Kenntnissnahme von der Quincke'schen Arbeit die Versuche mit einem Apparat wiederholt, welcher dem des Hrn. Quincke nachgebildet war. Aber auch mit diesem Apparat ist es mir nicht möglich gewesen bei Rüböl und Mandelöl eine elektrische Contraction nachzuweisen.

Da ich möglichst sorgfältig experimentirte und selbstverständlich dasselbe von Hrn. Quincke voraussetze, so liegt ein Widerspruch vor, den ich nicht zu lösen vermag; derselbe veranlasst mich im Folgenden meine Versuche in ausführlicher Weise mitzutheilen.

Der erste von mir benutzte Apparat ist in Fig. 1 abgebildet. Derselbe besteht aus einer 10 cm weiten und circa 20 cm hohen Glasglocke, die durch eine 0,7 cm dicke Spiegelglasplatte verschlossen ist; die letztere war der eingefüllten Flüssigkeit entsprechend mit Hausenblase oder Canadabalsam aufgekittet. Die Mitte der Spiegelglasplatte ist durchbohrt und trägt ein Glasrohr, das sich bei a verzweigt; der eine Zweig geht vertical aufwärts und kann durch einen Glashahn verschlossen werden; der andere ist bei b zu einer ungefähr 0,03 cm weiten Röhre ausgezogen. — Die Füllung geschieht durch einen Trichter mit langem und engem Stiel, der bei c aufgesetzt wird; der Stiel geht bis in die Glocke hinein. Nachdem die Glocke und die Ansatzröhren vollständig gefüllt und alle Luftblasen sorgfältig entfernt sind, wird der Trichter abgenommen und dafür ein Kautschukschlauch aufgesetzt; indem man das Ende des Kautschukschlauches in den Mund nimmt, kann man durch Saugen resp. Blasen den Stand des Niveau der Flüssigkeit in dem Schenkel ab passend ändern; wenn dasselbe sich ungefähr in der Mitte des engen Theils der Glasröhre befindet, wird der Hahn geschlossen.

Die Flüssigkeitskuppe im engen Glasrohr wurde meistens

mit einem stark vergröfsernden Fernrohr beobachtet; indessen habe ich auch verschiedene Male ein Mikroskop mit Ocularmikrometer benutzt.

Der beschriebene Apparat stand auf einem Holzklotz und war bis zum Hahn ganz von Sägespähnen umgeben; die Temperatur des Beobachtungsraumes wurde möglichst constant gehalten, und kein Versuch wurde angestellt, so lange die Flüssigkeitskuppe im engen Glasrohr ihren Stand noch merklich änderte.

Um auf die Flüssigkeit und zwar auf einen möglichst grofsen Theil derselben elektrische Kräfte wirken zu lassen, befindet sich in der Glasglocke ein Condensator (vgl. die Zeichnung). Die eine mit der Elektricitätsquelle in Verbindung stehende Belegung wird durch achtzehn äquidistante, kreisrunde Zinkscheiben (Durchmesser 5,5 cm) gebildet, die in ihren Mittelpunkten auf einem starken, geraden Neusilberdraht festgelöthet sind (Abstand der Platten 0,8 cm). Die andere mit der Erde verbundene Belegung besteht ebenfalls aus kreisrunden Zinkplatten, von denen jedesmal eine genau zwischen zwei aufeinander folgenden Platten der ersten Belegung liegt. Durch kreisförmige Ausschnitte (Durchmesser 1,5 cm) in der Mitte der Platten der zweiten Belegung wird erreicht, dafs dieselben den Neusilberdraht nicht berühren; unter einander und mit der Erde sind diese Platten durch zwei seitlich angebrachte Neusilberdrähte verbunden; kleine an den Platten befindliche vorstehende Läppchen sind zu diesem Zweck an den Neusilberdrähten festgelöthet.

In welcher Weise die Verbindung der Belegungen mit der Elektricitätsquelle resp. mit der Erde hergestellt wurde, geht zur Genüge aus der Zeichnung hervor. Die für den Austritt der Neusilberdrähte benöthigten Durchbohrungen in der Glasplatte werden durch runde Metallscheibchen und zwischengelegte Lederscheibchen, sowie durch je eine Druckschraube geschlossen. Derjenige Neusilberdraht, welcher zur Elektricitätsquelle führt, wird durch ein auf die Glasplatte aufgekittetes Glasrohr von den den Apparat umgebenden Sägespähnen isolirt.

In Anbetracht des relativ grofsen Abstandes der Condensatorscheiben von der Wand der starkwandigen Glasglocke hielt ich es für überflüssig, die letztere besonders, etwa durch ein zur Erde abgeleitetes, den Condensator umgebendes Drahtgewebe gegen elektrische Einflüsse zu schützen.

Die Flüssigkeiten, welche nacheinander mit diesem Apparat untersucht wurden, waren: Schwefelkohlenstoff, Rüböl und Wasser.

Das Elektrisiren geschah in der mannigfachsten Weise: 1) durch directe metallische Verbindung mit dem Conductor einer kräftigen Reibungselektrisirmaschine, welche entweder stofsweise oder continuirlich, langsam oder rasch gedreht wurde; 2) in derselben Weise, nur mit dem Unterschied, dafs eine Funkenstrecke von variabeler Länge zwischen Conductor und Condensator eingeschaltet wurde; 3) durch Verbindung mit der inneren Belegung einer geladenen Batterie von veränderlicher Flaschenzahl und von veränderlicher Stärke.

Mochte nun der Condensator in der einen oder in der anderen Weise geladen werden, immer fand ich bei Schwefelkohlenstoff und Rüböl eine Volumenvermehrung, welche in demselben Augenblick anfing, wo die Elektricität auf den Condensator überging und so lange dauerte, bis der Condensator nicht mehr merklich geladen war, bis keine merkliche Menge Elektricität durch die Flüssigkeit ging. Wurde der Condensator plötzlich entladen, so hörte auch sofort die Volumenvermehrung auf und der Stand der Flüssigkeitskuppe änderte sich nicht merklich.

Wasser von nahezu 10 bis 12^0 C. verhielt sich im Wesentlichen gerade so, nur mufste die Ladung des Condensators durch Berührung mit einer geladenen Batterie geschehen; bei einfacher Verbindung des Condensators mit der Elektrisirmaschine war keine Wirkung zu beobachten; die relativ gute Leitungsfähigkeit des Wassers verhindert im letzteren Fall das Zustandekommen einer erheblichen Potentialdifferenz der Belegungen.

Der ganze Verlauf der Erscheinung entsprach so durchaus der Annahme, dafs die Volumenvermehrung durch eine durch Elektricität erzeugte Erwärmung der Flüssigkeiten entstanden sei, dafs ich ohne Bedenken diese naturgemäfse und zunächst liegende Erklärung als die richtige ansah.

Bei der zweiten nach der Veröffentlichung der Quinckeschen Arbeit von mir unternommenen Untersuchung wurde der folgende Apparat benutzt (Fig. 2).

Ein 3 cm weites, ungefähr 8 cm hohes cylindrisches Glasgefäfs ist oben mit einem Hals und einem Trichter versehen; in den Hals pafst ein gut eingeschliffenes 0,5 cm weites und 13,5 cm langes Glasrohr, an dessen oberem Ende ein 0,4 cm weites, 6 cm langes Capillarrohr angeschmolzen ist.

In halber Höhe des Cylinders sind in diametraler Stellung zwei Platindrähte eingeschmolzen, welche im Innern des Gefäfses je eine rechteckige, 1,5 cm breite und 4,5 cm hohe Platinplatte tragen; der Abstand der parallelen Platten beträgt ungefähr 1,5 cm. Die aus dem Cylinder herausragenden Enden der Drähte tauchen in Quecksilber, welches die angeschmolzenen 22 cm langen Glasröhren ausfüllt; die eine Quecksilbersäule wurde mit der Elektricitätsquelle, die andere mit der Erde in Verbindung gesetzt.

Die Füllung des Apparats mit der zu untersuchenden Flüssigkeit geschah in einfacher Weise, welche wohl nicht beschrieben zu werden braucht; es ist nur zu bemerken, dafs die eingeschliffene Glas- und Capillarröhre immer mit derselben Flüssigkeit gefüllt war, welche sich auch im Gefäfs befand.

Um den Apparat gegen Wärmezufuhr von Aufsen zu schützen wurde derselbe in eine umgestülpte, mit destillirtem Wasser gefüllte Glasglocke gebracht und diese durch einen grofsen Kork verschlossen; die drei Glasröhren gingen selbstverständlich durch den Kork hindurch. Durch diese Einrichtung gewinnt der Apparat an Handlichkeit und man braucht nicht zu befürchten, dafs die eingeschliffene Glasröhre gelockert werde beim Einsetzen des ganzen Apparats in ein recht grofses Gefäfs, welches mit einem Gemisch von fein gestofsenem Eis und destillirtem Wasser gefüllt war.

Mit der gröfsten Sorgfalt wurde darauf Acht gegeben, dafs die Temperatur vor einer Beobachtung auch wirklich überall im Apparat 0⁰ betrug; erst viele Stunden nach dem Einsetzen des Apparates in das Eiswasser und nach öfterem Schütteln war dieſs erreicht. Da nämlich einige der untersuchten Flüssigkeiten sehr schwerflüssig und die Wärme schlecht leitend sind, so könnte es sonst vorkommen, daſs etwa in der Mitte der Flüssigkeit eine etwas höhere Temperatur als 0⁰ vorhanden wäre und nun beim Durchleiten der Elektricität, welches eine heftige Bewegung der Flüssigkeit zur Folge hat, diese wärmeren Theile mit der kalten Wand in Berührung kämen; dadurch würde dann eine Temperaturerniedrigung und eine Volumenabnahme der Flüssigkeit entstehen, welche die eigentliche Beobachtung fälschen würde.

Die Glaswand des Apparates wurde absichtlich recht dick gewählt, um dem Einwand zu begegnen, daſs möglicherweise die wahrgenommenen Volumenänderungen wenigstens zum Theil von einer Einwirkung der Elektricität auf die Glaswand herrühren, daſs m. a. W. der Apparat als Thermometercondensator functionirt hätte. Es bildet doch das den Apparat umgebende Wasser eine äuſsere Belegung und bei der schlechten Leitungsfähigkeit der Flüssigkeit und dem geringen Abstand der Platinplatten von der Wand könnte eine Condensation von Elektricität auf die Glaswand stattfinden.

Der Stand der Flüssigkeit in dem bloſs um ungefähr 3 cm aus dem Eiswasser hervorragenden Capillarrohr wurde mit einem horizontal aufgestellten, mit Ocularmikrometer versehenen Mikroskop beobachtet.

Untersucht wurden: Schwefelkohlenstoff, Rüböl, Mandelöl und Wasser.

Das Resultat der Untersuchung entspricht vollständig dem mit dem ersten Apparat gefundenen. Rüböl und Mandelöl verhalten sich im Wesentlichen wie Schwefelkohlenstoff und Wasser; bei der letzten Flüssigkeit fand in Uebereinstimmung mit der Voraussetzung, daſs eine Erwärmung der Flüssigkeit durch die Elektricität erzeugt werde und der Temperatur von 0⁰ entsprechend eine Volumenverminderung statt.

Niemals habe ich etwas anderes gefunden, wie oft die Versuche auch wiederholt wurden und in wie verschiedener

Weise die Elektrisirung auch vorgenommen wurde. Auch der Charakter der Erscheinung stimmt vollständig mit der Annahme überein, dafs blofs eine Erwärmung der Flüssigkeit stattgefunden habe.

Nach dem was oben mitgetheilt worden ist, wird es begreiflich sein, dafs ich meine Versuche und Berechnungen über die durch Elektricität bewirkte Form- und Volumenveränderungen von dielektrischen Körpern nicht früher und auch jetzt nur zum kleineren Theil veröffentlicht habe.

Zum Schlufs möchte ich denjenigen Fachgenossen, welche vielleicht eine elektrische Deformation eines festen Körpers zu sehen wünschen, ohne dieselbe messend verfolgen zu wollen, folgenden Versuch empfehlen, den ich im Jahr 1876 angestellt und bei Gelegenheit der Naturforscherversammlung zu Baden-Baden (1879) unter anderen mitgetheilt habe*). Ein ungefähr 16 cm breiter und 100 cm langer, rechteckiger Streifen aus dünnem, rothem Kautschuk wird oben und unten zwischen je zwei Holzleistchen festgeklemmt; die obere Klemme wird an irgend einem Arm oder Haken so befestigt, dafs das Kautschukband frei herunterhängt; an die untere Klemme werden Gewichte gehängt, welche den Streifen ungefähr auf die doppelte Länge ausdehnen. Nachdem man gewartet hat, bis die elastische Nachwirkung unmerklich geworden ist, beobachtet man den Stand des unteren Endes des Streifens, etwa an einer daneben aufgestellten Papierscala und läfst nun den Kautschuk von einem Gehülfen elektrisiren. Der Gehülfe hält zu diesem Zweck in jeder Hand einen isolirten Spitzenkamm, von denen der eine mit der positiven, der andere mit der negativen Elektrode einer kräftigen Holtz'schen Maschine in leitender Verbindung steht; zwischen den parallel gehaltenen Kämmen hängt das Kautschukband, dasselbe wird aber nicht von den Spitzen berührt. Indem nun der Gehülfe etwa am oberen Ende anfängt und allmählich mit beiden Kämmen

---

*) Röntgen, Tageblatt der 52. Versammlung, S. 184 (1879).

herunterfährt, wird ein immer gröfserer Theil des Kautschuks elektrisirt; dem entsprechend beobachtet man eine fortwährende Längenzunahme des Bandes, welche schliefslich, wenn der ganze Streifen elektrisirt ist, mehrere Centimeter beträgt. Da trockener Kautschuk ein guter Isolator ist, dauert diese Verlängerung längere Zeit. Dieselbe kann aber, wenigstens zum gröfseren Theil aufgehoben werden, indem man den Streifen entladet, was in ähnlicher Weise geschieht wie das Laden; nur müssen jetzt beide Kämme zur Erde abgeleitet sein.

Auch Hr. Quincke hat (1880) ähnliche Versuche veröffentlicht und glaubt aus denselben schliefsen zu dürfen, dafs die Elasticität der festen Körper durch elektrische Kräfte geändert werde; ich halte eine solche Schlufsfolgerung wiederum für sehr gewagt und habe nach einer Prüfung der Quinckeschen Versuche keine Veranlassung gefunden, diese Auffassung zu der meinigen zu machen; da ich jedoch befürchte, dafs der vorliegende Aufsatz eine zu grofse Ausdehnung erhalten würde, so möchte ich die Mittheilung der Motive zu meinem ablehnenden Verhalten unterlassen.

Giefsen, September 1880.

II.

Ueber Töne, welche durch intermittirende Bestrahlung eines Gases entstehen.

Von W. C. Röntgen.

Seit längerer Zeit bediene ich mich in meinen Vorlesungen über Experimentalphysik des folgenden Apparates, um die verschiedene Fähigkeit der Gase, Wärmestrahlen zu absorbiren, in einfacher Weise sichtbar zu machen.

Eine ungefähr 4 cm weite und 40 cm lange, horizontal aufgestellte Glasröhre ist auf beiden Seiten durch Steinsalzplatten geschlossen. In der Mitte zwischen den zwei Platten ist die Röhre an zwei diametral gelegenen Stellen durchbohrt; die obere Oeffnung communicirt mit einem durch einen Hahn verschliefsbaren Glasröhrchen, die untere mit einer etwas längeren, vertical abwärts gehenden Glasröhre, welche während des Versuches in ein Gefäfs mit gefärbter Flüssigkeit taucht. Die Flüssigkeit steht in der Röhre um einige cm höher als in dem Gefäfs.

Vor der einen Steinsalzplatte steht in der Richtung der Glasröhre eine Wärmequelle, etwa die Gasflamme eines Argand'schen Brenners; zwischen der Flamme und der Röhre ist ein ungefähr 4 cm weites Diaphragma und ein Doppelschirm von Metallblech angebracht; letzterer kann rasch entfernt und vorgeschoben werden.

Der Versuch wird nun in folgender Weise angestellt: nachdem man den Stand der Flüssigkeit im Manometer beobachtet hat, während der Schirm die Wärmestrahlen abhält, wird dieser Schirm rasch entfernt; durch die nun stattfindende Absorption von Strahlen Seitens des in dem Apparat eingeschlossenen Gases wird dasselbe erwärmt, in Folge dessen zeigt das Manometer eine ganz plötzliche Druckzunahme an, welche nach einiger Zeit ein Maximum erreicht.

Diese Druckzunahme, insbesondere die im ersten Augenblick stattfindende ist nun sehr verschieden bei verschiedenen Gasen; bei Luft verhältnifsmäfsig gering, dagegen bedeutend bei dem stark absorbirenden Leuchtgas und Ammoniak.

Schiebt man darauf den Schirm wieder zwischen die Flamme und die Glasröhre, so nimmt der Abkühlung des Gases entsprechend der Druck anfänglich rasch, dann langsam ab.

Die Erscheinung ist im Grunde ziemlich complicirter Natur, weil aufser der Absorptionsfähigkeit auch die specifische Wärme, sowie die Fähigkeit des Gases vorhandene Temperaturdifferenzen mehr oder weniger rasch auszugleichen eine Rolle spielen; dieselbe eignet sich jedoch sehr wohl zu einem Demonstrationsversuch.

Nachdem ich nun durch den Aufsatz des Hrn. Breguet im Journal de physique Nov.-Heft 1880, von einigen Details der Versuche des Hrn. Graham Bell mit dem sogenannten Photophon Kenntnifs erhalten hatte, entstand bei mir die Frage, ob das bei dem oben beschriebenen Versuch in der Glasröhre abgeschlossene Gas nicht durch intermittirende Bestrahlung zum Tönen gebracht werden könne. Das erwähnte plötzliche Steigen und Sinken des Druckes im Augenblick, wo die Bestrahlung anfängt resp. aufhört, liefs eine günstige Beantwortung der Frage als möglich erscheinen; der Versuch hat auch in der That meine Vermuthung in sehr befriedigender Weise bestätigt.

Als Wärmequelle benutzte ich Drummond'sches Kalklicht; durch zwei Linsen wurden die Strahlen auf eine mit Ausschnitten versehene Scheibe von Pappe concentrirt, welche mittelst eines Schnurlaufes rasch um eine horizontale Axe gedreht werden konnte. Um das Geräusch, welches beim

Drehen der Scheibe entsteht, möglichst abzuschwächen, rotirte dieselbe zwischen zwei gröfseren, festen Scheiben, welche mit je einem den Oeffnungen in der Scheibe entsprechenden und durch eine dünne Glasplatte verschlossenen Ausschnitt versehen waren.

Hinter diesen Ausschnitten wurde der Absorptionsapparat entweder fest aufgestellt oder frei mit der Hand gehalten; derselbe hatte bei diesen Versuchen eine Länge von 12 cm; das Manometer war durch ein kurzes 1 cm weites Glasröhrchen ersetzt, über welches ein weiter Kautschukschlauch geschoben war, der zum Ohr des Beobachters führte und möglichst tief in dasselbe hineingesetzt wurde.

Die Strahlen drangen jedesmal in den Absorptionsapparat hinein, wenn eine Oeffnung in der rotirenden Scheibe vor der Steinsalzplatte stand; die Unterbrechung derselben fand durch die nicht ausgeschnittenen Theile der Scheibe statt.

Anfänglich war der Apparat mit Luft gefüllt; beim Drehen der Scheibe war es mir nicht möglich einen Ton wahrzunehmen, vielleicht weil durch das Drehen u. s. w. noch immer zu viel fremde Geräusche vorhanden waren; ganz anders gestaltete sich dagegen die Sache, als die Luft durch Leuchtgas ersetzt war; der Ton war aufserordentlich deutlich vernehmbar und etwa mit dem Sausen eines nicht zu starken Windes zu vergleichen. Die Höhe wechselte mit der Geschwindigkeit der Rotation und erst bei sehr rascher Rotation verschwand der Ton. Die Stärke des Tones änderte sich nicht merklich mit der Zeit, während welcher die Röhre exponirt war; das Tönen hörte aber sofort auf, wenn die Strahlen durch einen vor der Scheibe gehaltenen, undurchlässigen Körper, wie die Hand, ein Holzbrettchen oder eine Hartgummischeibe, aufgefangen wurden.

Mit Ammoniakgas erhielt ich ebenfalls deutliche Töne, dagegen verhielten sich trockener Wasserstoff und Sauerstoff wie atmosphärische Luft.

Die Erklärung dieser Versuche liegt auf der Hand und ist oben schon angedeutet worden; wir haben es mit keiner neuen Eigenschaft der Strahlen zu thun; die durch Absorption erzeugte Erwärmung und Ausdehnung und die darauf folgende Abkühlung und Contraction des absorbirenden Körpers sind die Ursachen jener Erscheinungen. Dafs das Gas wirklich die Hauptrolle bei meinen Versuchen spielte und nicht etwa die von den Strahlen ebenfalls getroffene Glaswand, geht schon daraus hervor, dafs nur die stark absorbirenden Gase deutlich hörbare Töne liefern; den directen Beweis dafür fand ich, indem bei einigen Versuchen mittelst einer dritten Linse und eines Diaphragmas die Strahlen so gerichtet wurden, dafs dieselben blofs durch das Steinsalz und das Gas gingen, ohne irgend die Glaswand zu berühren; der Effect war im wesentlichen derselbe wie bei einfacher Bestrahlung.

Eine in den Weg der Strahlen gestellte Alaunlösung bewirkte ein sofortiges Verschwinden des Tones, dagegen war kaum eine Schwächung zu beobachten, wenn die Strahlen durch eine ungefähr 10 cm dicke Schicht von Jodlösung (in Schwefelkohlenstoff) hindurchgegangen waren. Es sind somit, wenigstens bei Leuchtgas und Ammoniak, die weniger brechbaren Strahlen, welche am wirksamsten sind.

Ich beabsichtige das Verhalten des Wasserdampfes zu untersuchen in der Hoffnung, auf diesem Wege einen Beitrag zu der Entscheidung der Frage zu liefern, ob derselbe in beträchtlicher Weise Wärmestrahlen absorbirt oder nicht.

Giefsen, 8. December 1880.

III.

Ueber die elektromotorische Kraft der aus Zink, Schwefelsäure und Platin resp. Kupfer, Silber, Gold und Kohle gebildeten galvanischen Combinationen.

Von **Carl Fromme**.

Hierzu Tafel II und III.

1. In den Berichten der Wiener Academie sowie in Wied. Ann. hat Hr. F. Exner in den letzten Jahren eine gröfsere Reihe mit dem Elektrometer ausgeführter elektrischer Messungen veröffentlicht, deren Resultate nach der Ansicht ihres Verfassers grofsentheils der Contacttheorie zuwider laufen, dagegen durch die chemische Theorie der Elektricitätserregung die ungezwungenste Erklärung finden, die letztere somit als die allein richtige Theorie hinstellen.

Man kann über die Deutung, welche die Versuchsresultate Exner's zulassen, verschiedener Ansicht sein, obwohl ich kaum glaube, dafs eine gröfsere Zahl der Fachgenossen geneigt sein wird, seinen weitgehenden Folgerungen zuzustimmen.

Diese Folgerungen stützen sich aber auf Versuche, und die Versuche Exner's sind es vor allen Dingen, welche meiner Ansicht nach einer genauen Prüfung unterzogen werden müssen, ehe man die Berechtigung oder Nichtberechtigung der aus ihnen gezogenen Schlüsse discutiren kann.

Diese Ansicht drängte sich mir zuerst auf, als ich die Abhandlung über die „Theorie der inconstanten galvanischen Elemente" *) las.

In derselben entwickelt Hr. Exner aus dem Satze, daſs die Polarisation nur in der *Wiedervereinigung* ausgeschiedener Ionen ihren Grund hat, den weiteren, daſs in den Elementen, welche aus Zn, verd. Schwefelsäure und Pt, resp. Cu, Ag, Au, Kohle bestehen — in welchen Elementen sich der gleiche chemische Proceſs abspielt —, weil da eben eine Wiedervereinigung des die Verbindung mit dem Zn eingegangenen O mit dem H nicht möglich ist, auch eine Polarisation thatsächlich nicht existiren könne. Es sei lediglich die convective Wirkung des in der Flüssigkeit enthaltenen O der Luft, welche die elektromotorische Kraft eines solchen Elements im Anfange der Schlieſsung gröſser, als später erscheinen lasse. Benutze man Ofreies Wasser, so besitze die elektromotorische Kraft dieser Elemente sofort einen constanten kleinsten Werth, welcher erstens nicht von der Stromstärke abhängig und zweitens für alle oben bezeichneten Elemente der gleiche sein müsse.

Diese elektromotorische Kraft lasse sich aber auch im Voraus berechnen, sie sei nach der chemischen Theorie gegeben durch die Wärmetönung der chemischen Processe; diese hat aber bei allen oben genannten Elementen zu der im Daniell'schen Element das Verhältniſs 0,732 **).

Hr. Exner unterwirft diese Behauptungen nun einer Prüfung durch's Experiment und findet in der That für das Smee'sche Element (Zn und Pt) zunächst den Werth 1,15 Daniell, welcher den theoretischen übertrifft. Derselbe geht aber auf den theoretischen herunter, sobald das Element kurze Zeit ohne äuſseren Widerstand geschlossen gewesen

---

*) Exner, Wien. Ber. LXXX (1879); Wied. Ann. X, S. 265—284 (1880).

**) J. Thomsen berechnet in seiner neuesten Publication (Wied. Ann. XI, S. 261 [1880]) die chemische Energie des $Zn-H_4SO_4-Pt$-Elementes auf die des Daniell's als Einheit bezogen zu 0,75.

war, aus dem einfachen Grunde, weil der gelöste O durch den elektrolytisch entwickelten H bald reducirt wurde. Die beobachteten Werthe sind fast durchgängig genau 0,731 Dan., weichen also von dem berechneten nur um $^1/_{1000}$ Dan. ab.

Gleicherweise giebt ein Volta'sches Element (Zn und Cu) vor der Schliefsung eine elektromotorische Kraft von 0,827 Dan., dieselbe geht aber nach kurzem Schlufs ebenfalls genau auf 0,731 Dan. herunter.

Dafs Au, Ag, Kohle, an die Stelle des Pt oder Cu gebracht, den gleichen Werth der elektromotorischen Kraft ergeben, wird durch Versuche nicht belegt. Da dasselbe jedoch behauptet wird, so wird man annehmen müssen, dafs auch hierfür beweisende Versuchsresultate erhalten worden sind.

Wenn nun auch die dritte Decimale in den von Exner angegebenen elektromotorischen Kräften gar keine Bedeutung hat — weil bei der geringen Empfindlichkeit seines Elektrometers die Beobachtungsfehler sich schon in den hundertstel Daniell bemerkbar machen müssen —, so bleibt doch die Uebereinstimmung zwischen den für das Smee'sche und das Volta'sche Element einerseits und zwischen diesen und dem berechneten theoretischen Werth andererseits noch grofs genug.

Verschiedene Bedenken gegen die Exner'schen Versuche sowie der Umstand, dafs ich im letzten Frühjahr mit galvanometrischen und elektrometrischen Untersuchungen über Polarisationserscheinungen in Chromsäure und Salpetersäure beschäftigt war, veranlafsten mich, im Anschlufs an dieselben eine Reihe von Versuchen über die elektromotorische Kraft der Combinationen eines Metalls mit Zn und verd. H_2SO_4 anzustellen, Versuche, die eine über das ursprünglich gestellte Ziel hinausgehende Ausdehnung gewannen und deren Veröffentlichung sich in Folge meiner Uebersiedelung von Göttingen nach Giefsen noch um ein Weiteres verzögert hat.

Vorausschickend bemerke ich, dafs die Abhandlung von Hrn. Beetz[*], welche ebenfalls durch die Exner'schen Versuche veranlafst wurde, zu einer Zeit (Juli) erschien, da

---

[*] Beetz, Wied. Ann. X, S. 348—371 (1880).

meine diesbezüglichen Versuche schon abgeschlossen waren. Nur die Versuche über den Einfluſs der Concentration der H_2SO_4 datiren vom Ende Juli und Anfang August.

2. Benutzt wurde ein Kirchhoff'sches Quadrantenelektrometer von Desaga. Die Ablenkungen desselben wurden mit Fernrohr und Skala beobachtet und waren theilweise den Potentialdifferenzen proportional anzunehmen, theils nicht, in welchem Falle eine Graduirung den Messungen vorherging. Die elektromotorischen Kräfte wurden mit der eines Daniell verglichen, welcher 5procentige $ZnSO_4$-Lösung und 11,5procentige $CuSO_4$-Lösung enthielt.

Ein cylindrischer Znstab und ein eben solcher Custab befanden sich in Glasröhren, die am einen Ende capillar ausgezogen und resp. mit der $ZnSO_4$- und der $CuSO_4$-Lösung gefüllt waren. Die Röhren wurden durch den Verschluſskork eines Becherglases gesteckt, so daſs sie mit ihren capillaren Enden in die in diesem enthaltene $ZnSO_4$-Lösung tauchten. Endlich wurde der Zutritt von Luft zu den Flüssigkeiten des so zusammengestellten Elements durch Auftragen von Siegellack gehindert. An den Zn- und den Custab waren Cudrähte angelöthet.

Die Verbindung einer galvanischen Combination mit dem Elektrometer geschah vermittelst mit Quecksilber gefüllter Paraffinnäpfchen, in welchen die von den Quadranten des Elektrometers kommenden Kupferdrähte ein für allemal befestigt waren. Durch einen isolirenden Commutator konnte die Verbindung der Pole mit den Quadranten gewechselt werden.

Untersucht wurden in ihrer Combination mit Zn und stark verdünnter H_2SO_4 : Pt, Au, Ag, Cu und Gaskohle.

Ich will nun zuerst mittheilen, zu welchen Resultaten ich durch die Untersuchung dieser Elemente im offenen Zustande geführt bin, sodann über Versuche berichten, die elektromotorische Kraft der Elemente, *während* sie geschlossen sind, zu messen und endlich will ich den Einfluſs, welchen die Concentration der das Pt, Au, Ag oder Cu umgebenden H_2SO_4 auf die elektromotorische Kraft der geöffneten Elemente ausübt, klar zu stellen suchen. In einem Anhang werden Versuche über die Abhängigkeit mitgetheilt werden, in welcher die zwischen Salpetersäure und Pt (Au) auftretende elektromotorische Kraft von der Concentration dieser Säure steht.

3. Die zuerst zu erwähnenden Versuche zerfallen in zwei Gruppen. Entweder nämlich befanden sich das Zn und das mit diesem combinirte Metall in getrennten Gefäfsen, die durch einen capillar ausgezogenen, mit verdünnter Säure gefüllten Heber mit einander communicirten, oder die beiden Metalle befanden sich in dem gleichen Gefäfs.

Au, Ag und Cu wurden nur in Drahtform, Pt als Draht *) und als dünnes Blech, Kohle in kleinen Stäbchen von 1 Quadratcentimeter Querschnitt benutzt. Das Zn war immer amalgamirt und hatte die Form eines Cylinders von etwa 40 mm Durchmesser und 60 mm Höhe.

Es ergaben sich für den ersten Fall als Mittel aus allen Beobachtungen, bei welchen sowohl die Füllungen der Gefäfse als auch mehrere Individuen desselben Körpers — bei Pt z. B. 3 Drähte und 2 Bleche — wechselten, folgende Werthe:

Zn, verd. H_2SO_4 und

	Pt	Au	Kohle	Ag	Cu
Elektrom. Kraft in Daniells:	1,507.	1,435.	1,374.	1,214.	0,977.

Den Werth 1,507 bei der Combination von Zn mit Pt erhält man jedoch nur, wenn das Pt sehr sorgfältig gereinigt war, und ich habe mich überzeugt, dafs das beste und zugleich einfachste Mittel, mit grofser Regelmäfsigkeit diesen Zustand des Pt herbeizuführen, darin besteht, dasselbe in der Alkoholflamme gehörig zu glühen. Das gleiche Mittel habe ich bei Au angewandt, und dann sehr constante elektromotorische Kräfte erhalten.

Ist diese Bedingung nicht erfüllt, so erhält man immer zu kleine Werthe.

---

*) Die Metalle sind gröfstentheils aus der Fabrik von Dr. Schuchard als chemisch rein bezogen.

Exner bekommt für die elektromotorische Kraft eines noch nicht geschlossenen Smee'schen Elements, dessen Metalle sich in getrennten Gefäfsen befanden, den Werth 1,15 Daniell. Ich vermuthe, dafs dieser kleine Werth seinen Grund in nicht genügend reiner — die Verunreinigung kann in einem Gehalt von Wasserstoff bestehen — Beschaffenheit der Platinoberfläche hat.

Mit dem Werthe 1,52 Dan., den Hr. Beetz (a. a. O.) als Mittel aus vier Versuchen giebt, steht dagegen der meinige in guter Uebereinstimmung.

Gleicherweise harmonirt der oben für Cu gefundene Werth 0,977 Dan. mit dem von Hrn. Beetz zu 0,98 angegebenen, während Hr. Exner, sowie ich es auffasse, nur 0,827 Dan. findet.

Die elektromotorische Kraft des von Exner nicht untersuchten Zn-Ag Elements findet Beetz zu 1,23 Dan., oben ist sie zu 1,214 angegeben. Auch der für Kohle gefundene Werth ist in Uebereinstimmung mit früheren Messungen von Beetz*).

Nach der Theorie von Exner sollten je nach der Menge des gelösten O diese elektromotorischen Kräfte zwischen den Grenzen 0,732 bis 2,15 Dan. schwanken. Im Widerspruch damit ergeben aber meine Beobachtungen, dafs bei einem jeden einzelnen Metall immer der gleiche Werth gefunden wird, obwohl die gelöste Sauerstoffmenge von Beobachtung zu Beobachtung gewifs variabel gewesen ist, dafs dagegen die elektromotorischen Kräfte der verschiedenen Metalle durchaus verschieden sind und Werthe zwischen 0,977 und 1,507 Dan. aufweisen.

4. Die zweite Versuchsanordnung, bei welcher die beiden Metalle der Combination sich in dem gleichen Gefäfs befanden, hat stets sehr nahe die gleichen Werthe wie oben geliefert bei Kohle, Ag und Cu, dagegen stets kleinere Werthe bei Au und Pt. Man könnte als Grund dieser Abnahme

---

*) Beetz, Wied. Ann. V, S. 10 (1878).

einen geringen Gehalt der H_2SO_4 an $ZnSO_4$ vermuthen. Ich habe in die H_2SO_4 eines frisch gefüllten Elements direct etwas $ZnSO_4$-Lösung eingegossen und gesehen, daſs freilich die elektromotorische Kraft abnimmt, aber doch verhältniſsmäſsig nur unbedeutend. Läſst man dagegen ohne directes Zuthun von $ZnSO_4$ das Element einige Zeit stehen, so erhält man dann erheblich kleinere Werthe der elektromotorischen Kraft von Pt und Au.

Der Grund hierfür liegt also offenbar nicht oder nur zum kleinsten Theil in der Anwesenheit von $ZnSO_4$ in der H_2SO_4, sondern vielmehr in der ebenfalls durch die Auflösung des Zn veranlaſsten Entwicklung von H in der H_2SO_4.

„War nämlich eine *genügende* Menge H elektrolytisch in der Flüssigkeit entwickelt worden — wobei aber nicht das zu prüfende Pt als Elektrode diente —, so sank die elektromotorische Kraft des Smee'schen Elements auf einen kleinsten Werth, der sich im Mittel zu

— 0,708 Dan. —

bestimmte."

„Den gleichen Werth erhielt man aber auch, ohne daſs H von Auſsen in die H_2SO_4 eingeführt oder elektrolytisch in derselben entwickelt war, wenn nur das Zn sich genügend lange Zeit in der H_2SO_4 befunden hatte." Doch ist eine wesentliche Bedingung für das Eintreten dieses Minimalwerths auch die, daſs das zu prüfende Pt nicht eine im Vergleich zum Volumen der Flüssigkeit zu groſse Oberfläche besitzt.

Die elektromotorische Kraft von Zn-Au sinkt bei Weitem nicht so tief, als die von Zn-Pt; den kleinsten Grenzwerth, der auch hier jedenfalls eintritt, habe ich nicht genauer bestimmt. Doch scheint er noch ziemlich gröſser als 1 Dan. zu sein.

Bringt man ein frisch geglühtes Pt in mit H gesättigte H_2SO_4, so beobachtet man augenblicklich eine elektromotorische Kraft von 0,708 Dan. Ist dagegen das Pt nicht frisch gereinigt, so sinkt die elektromotorische Kraft langsam, um erst nach längerer Zeit oder gar nicht den obigen Werth zu erreichen *). Die gleiche langsame Abnahme beobachtet man auch bei nicht frisch gereinigtem Gold.

Aus diesen Versuchen ziehe ich den Schluſs, daſs Pt auf in der H_2SO_4 gelösten H stark, Au viel weniger, und Kohle, Ag und Cu wahrscheinlich gar nicht einwirken. Von Pt ist dieſs längst bekannt, man nimmt allgemein an, daſs Pt auf H wirkt, indem es ihn auf sich verdichtet. Der Vorgang der Verdichtung vollzieht sich nach meinen Versuchen bei frisch gereinigter Oberfläche des Pt auſserordentlich rasch. Daſs Au mit einer ähnlichen, jedoch minder starken Kraft begabt sei, ist meines Wissens nicht constatirt **); daſs sie aber bei gewissen Kohlestücken ganz fehlt, ist auch von Beetz ***) beobachtet worden.

Wie oben schon bemerkt, tritt der Minimalwerth von 0,708 Dan. nicht bei jeder beliebigen Oberfläche des eingetauchten Pt ein : Je kleiner die Oberfläche, desto sicherer kann man sein, den Minimalwerth zu erreichen. Hieraus geht hervor, daſs die elektromotorische Kraft des mit H bedeckten Pt von der Dichtigkeit dieser Bedeckung abhängt †). Besitzt die elektromotorische Kraft der Combination Zn-Pt den Werth 0,708 Dan., so hat das Pt die gröſstmögliche Menge H verdichtet.

Eine noch dichtere Bedeckung ist nur durch elektrolytische

---

*) Wahrscheinlich wird durch Glühen die Erreichung des Grenzwerths auch mehr beschleunigt, als durch andere Reinigungsmethoden, denn Beetz (Wied. Ann. X, S. 360) giebt an, daſs bei seinen — nicht geglühten — Platindrähten erst nach 10′ ein constanter Werth eingetreten sei.

**) In seiner vor Kurzem erschienenen Inauguraldissertation (Berlin 1880) schlieſst Hr. Schulze-Berge aus Condensatorversuchen, daſs zwei in Luft befindliche vergoldete Messingplatten, von denen die eine längere Zeit einem Wasserstoffstrom ausgesetzt gewesen war, eine kaum merkliche Potentialdifferenz aufweisen. Im gleichen Falle wurde bei Platinplatten eine Maximalspannung von 0,214 Dan. beobachtet.

***) Beetz, Wied. Ann. V, S. 10 (1878).

†) Das Gleiche hat Macaluso (Ber. sächs. Ges. d. Wiss. Mathem.-Phys. Cl. 25. Band, 1873, S. 313) von der durch Verdichtung von Cl auf Pt in Salzsäure entstehenden elektromotorischen Kraft gefunden.

Entwicklung von H am Pt möglich, wie wir gleich sehen werden, es sinkt aber mit dem Aufhören der Elektrolyse die Dichtigkeit des H sehr bald wieder auf das eben bezeichnete Maximum. Bei demselben ist die elektromotorische Kraft des mit H bedeckten Pt gegen reines Pt in Schwefelsäure $1{,}507 - 0{,}708$ Dan. $= 0{,}8$ Dan., welcher Werth mit den von Anderen ermittelten übereinstimmt *).

5. Es wurden weiter Versuche auf die von Hrn. Exner benutzte Methode angestellt: Das Element wurde eine Zeit lang ohne Widerstand geschlossen und nach Unterbrechung des Stromes sofort seine elektromotorische Kraft gemessen.

Ich verband zu dem Zweck die oben genannten zwei Quecksilbernäpfchen, von denen das eine und damit das eine Quadrantenpaar mit der Erdleitung communicirte, durch einen kurzen dicken Kupferdraht, welcher durch eine bis zum Fernrohr gehende Schnur gehoben werden konnte.

Berührte der Bügel also das Quecksilber der Näpfe, so war das Element ohne äufseren Widerstand geschlossen und die Nadel des Elektrometers befand sich zugleich in der Ruhelage. Wurde der Bügel hoch gezogen, so gab die dann erfolgende Ablenkung des Elektrometers die elektromotorische Kraft des nun polarisirten geöffneten Elements.

Die Wasserstoffentwicklung war eine sehr lebhafte, da die beiden Metalle sich in dem gleichen Gefäfs befanden.

Bei den folgenden Versuchen hatte das Zn bereits 12 Stunden in dem angesäuerten Wasser gestanden, deshalb hat die Combination Zn-Pt auch vor Schliefsung des Stroms eine elektromotorische Kraft von nur 0,7 Dan. Die Versuchsreihe mit Kohle ist bei einer gröfseren Empfindlichkeit des Elektrometers als die übrigen angestellt.

---

*) Beetz, Wied. Ann. X, S. 360 u. 363 (1880).

	Vor Stromschluss.	10″	20″	30″	40″	60″	80″	100″	Moment in Luft.
		nach Unterbrechung des Stroms.							
Pt-Draht	sc 35,5 (0,710 D.)	33,2		33,6	33,9				
Pt-Draht	sc 35,0 (0,700 D.)	33,3		34,0					
Pt-Draht	sc 34,5 (0,690 D.)	33,0	33,2	33,3		33,4			
Au-Draht	sc 68,8 (1,376 D.)	24,8	25,6	26,2	28,0		29,5	30,5	40,0
Ag-Draht	sc 58,4 (1,168 D.)	38,7	42,0	43,8	46,4				
Cu-Draht	sc 49,0 (0,980 D.)	19,0	33,5		43,5	47,0 (Moment in Luft.)			
Kohle	sc 114,0 (1,380 D.)	29,5	34,0	37,0	46,5				

Ich füge dieser Tabelle noch hinzu, dafs mit der Aufhebung des Bügels die Nadel des Elektrometers bei Pt über die definitive Einstellung hinaus schwang — der erste Ausschlag erfolgte nach 7″ und betrug 36—37 sc — und nach wenigen kleinen Schwingungen sich sehr bald nahe constant einstellte.

Bei Au, Ag und Kohle dagegen kehrte die Nadel nach einem ersten Ausschlage nur ganz wenig zurück, um sofort ihren Weg nach zunehmender Ablenkung fortzusetzen; endlich bei Cu beobachtete man eine continuirliche Bewegung nach zunehmender Ablenkung.

Demnach ist die elektromotorische Kraft des Zn-Pt-Elements entweder im geschlossenen Zustande von der im geöffneten wenig verschieden, d. h. die Polarisation ist, wenn man von der vor der Schliefsung des Stroms beobachteten elektromotorischen Kraft von 0,7 Dan. ausgeht, klein, oder aber die elektromotorische Kraft wächst in den ersten Momenten nach Unterbrechung des Stroms sehr stark an, d. h. die Polarisation verschwindet rasch.

Dagegen kann aus dem Verhalten der Kohle, des Au, Ag und Cu geschlossen werden, daſs ihre elektromotorische Kraft im geschlossenen Element klein ist im Vergleich zu derjenigen, welche sie einige Zeit nach Oeffnung des Stroms wieder annehmen.

Die Zunahme der elektromotorischen Kraft nach Oeffnung des Stroms ist am stärksten beim Cu, das schon nach einer Minute nahezu die vor der Schlieſsung beobachtete Kraft zeigt, etwas langsamer verschwindet die Polarisation bei Ag und sehr allmählich bei Au und Kohle.

Bei allen ist auf das Verschwinden der Polarisation ein kurzes Ausheben an die Luft von Einfluſs, bei Pt ist derselbe aber äuſserst gering: sobald sich nur genügend H in der H_2SO_4 befindet, bleibt die elektromotorische Kraft des Zn-Pt-Elements sehr nahe bei 0,7 Dan. stehen.

Aus den obigen Versuchen muſste ich aber die Ueberzeugung gewinnen, daſs eine genaue Messung von Polarisationsgröſsen nach der benutzten Methode unmöglich ist, wenn man sich nicht eines auſserordentlich leicht beweglichen und wenig gedämpften Elektrometers bedient, dessen erster Ausschlag dann zu beobachten wäre. Das meinige erfüllte bei aller sonstigen Exactheit, mit der es arbeitete, diese Voraussetzung nicht, da man bei dem Zn-Cu-Element z. B. gar nicht zu entscheiden vermag, was als elektromotorische Kraft im geschlossenen Zustande zu betrachten ist?

Ich sah mich deshalb nach einer Methode um, die es mir ermöglichte, die elektromotorische Kraft zu messen, *während das Element geschlossen ist*, und ich fand auch bald eine solche, die indeſs, wie ich hinterher aus der Mittheilung von Hrn. Beetz crsah, nicht neu ist, sondern schon 1875 von Fuchs [*]) angegeben und auch von Beetz neuerdings benutzt wurde.

---

[*]) Fuchs, Pogg. Ann. CLVI (1875).

6. In einem weiten Glasgefäfs A steht ein Zncylinder und aufserhalb desselben das zu prüfende Metall. An der dem letzteren zunächst liegenden Seite und in der Geraden, welche Zn und Metall verbindet, steht Gefäfs A durch einen capillar ausgezogenen Heber mit einem zweiten Gefäfs B in Verbindung, in welchem sich gleichfalls ein Zncylinder befindet. Gefäfse und Heber sind mit verdünnter Schwefelsäure gefüllt. Die beiden Metalle des Gefäfses A, z. B. Zn und Pt, können durch einen Rheostaten zum Stromkreise geschlossen werden. Das Pt ist dabei mit der Erde und einem Quadrantenpaar, der Zncylinder des Gefäfses B aber mit dem anderen Quadrantenpaar des Elektrometers verbunden.

Man mifst hier die Potentialdifferenz zwischen dem im Gefäfse A befindlichen Pt resp. Cu u. s. w. und dem im Gefäfs B befindlichen Zn, und man hat es nun in der Hand, dieselbe während ein Strom im Gefäfs A circulirt und bei beliebiger Intensität desselben zu bestimmen.

Ich habe diese Methode zunächst auf folgende Weise geprüft.

In dem Gefäfs A stand Zn und Pt. Es wurde nun aber das *Zn* mit der Erde verbunden, und auf der Seite des *Zn* die Heberverbindung mit dem Gefäfs B hergestellt, in welchem sich ein Cudraht befand, der mit einem Quadrantenpaar des Elektrometers in Verbindung war.

Hier wurde also die Potentialdifferenz zwischen dem im Gefäfs A befindlichen Zn und dem im Gefäfs B befindlichen Cu gemessen. Sie ergab sich zu 0,98 Dan.

Wurden nun Zn und Pt. des Gefäfses A leitend mit einander verbunden, so mufste trotz des nun Gefäfs A durchlaufenden Stroms die Ablenkung des Elektrometers die gleiche bleiben, wenn erstens die Methode richtig war und wenn zweitens das Zn sich nicht polarisirte.

Die Ablenkung nahm aber bei Schliefsung des Stroms ab, desto mehr, je kleiner der Widerstand im Rheostaten war, aber auch um so mehr, mit je kleinerer Fläche das Zn in die H_2SO_4 eintauchte.

Bot man dem Strome eine sehr grofse Znfläche dar, so blieb die Ablenkung auch beim kleinsten Widerstand constant, tauchte aber ein dünner Znstab nur wenig in die H_2SO_4 ein, so fiel die elektromotorische Kraft des Zn-Cu-Elements um 0,22 Dan. im Maximum.

Hieraus folgt aber, dafs die beobachtete Abnahme der Ablenkung nur durch die Sauerstoffpolarisation des Zn hervorgerufen *) und dafs die beschriebene Methode vollkommen einwurfsfrei ist.

Bei den im Folgenden mitzutheilenden Versuchen verfuhr man nun folgendermafsen.

Die beiden Gefäfse wurden frisch gefüllt, die Zncylinder und das in seiner Combination mit Zn zu prüfende Metall eingesetzt. Es wurde dann zuerst die elektromotorische Kraft zwischen demselben und dem Zn des Gefäfses B gemessen, während durch das Gefäfs A kein Strom ging, dann wurden die beiden Metalle des Gefäfses A leitend verbunden, wobei in dem eingeschalteten Siemens'schen Rheostaten der Widerstand succ. von 0 auf 10, 20, 50, 100, 200, 500, 1000, 2000, 4000 und 9000 gesteigert wurde. Bei jedem Widerstande wurde die Ablenkung des Elektrometers beobachtet, endlich wurde der Strom unterbrochen und noch eine Zeit lang die Ablenkung des Elektrometers verfolgt. Die Bestimmung der Ruhelage, die bei diesen Versuchen aufserordentlich constant blieb, brauchte nur am Anfang und am Ende einer Beobachtungsreihe zu geschehen.

In der Curventafel (Taf. II, Fig. 1) habe ich von einigen Beobachtungsreihen die Rheostatenwiderstände von 0 bis 2000 als Abscissen, die dabei beobachteten elektromotorischen Kräfte, in Skalentheilen ausgedrückt, als Ordinaten eingetragen. Ich gebe deshalb in der folgenden Tabelle nur die elektromotorische Kraft vor Schliefsung des Stroms, die bei $W = 0$, bei den beiden gröfsten benutzten Widerständen, sowie die, welche

---

*) Wird der Strom unterbrochen, so verschwindet diese Abnahme der Ablenkung, d. h. die Opolarisation des Zn augenblicklich.

sich 20" und 40" nach der diesen folgenden Oeffnung des Stroms ergab, in Daniells ausgedrückt an.

Die beiden durch einen Strich getrennten Beobachtungsreihen sind an verschiedenen Tagen bei verschiedener Empfindlichkeit des Elektrometers angestellt. Während einer jeden der beiden Beobachtungsreihen wurde die verdünnte Schwefelsäure der Gefäfse nicht erneuert.

Pt_3, Pt_4 und Pt_5 waren in Glasröhren eingeschmolzene Drähtchen, Pt_1 und Pt_2 waren ebenfalls in Drahtform, aber nicht eingeschmolzen, Pt_6 war ein Blech.

Zn und	Eingetauchte Oberfläche □ mm	$W=\infty$	$W=0$	$W=500$	$W=2000$	$W=4000$	$W=\infty$ 20" nach Oeffnung	40"
Pt_1	90	1,515	0,175	—	0,673	—	0,854	0,868
Pt_2	110	1,434	0,183	—	0,664	—	0,844	0,858
Au	110	1,423	0,064	—	0,273	0,395	0,807	0,971
Cu_1	100	0,990	0,071	—	0,344	0,402	0,967	0,981
Kohle	—	1,362	0,169	0,586	—	—	0,638	0,660

Zn und	Eingetauchte Oberfläche □ mm	$W=\infty$	$W=0$	$W=500$	$W=2000$	$W=9000$	$W=\infty$ 20" nach Oeffnung	40"
Pt_3	9	1,526	0,100	—	0,584	0,654	0,775	0,789
Pt_4	37	1,475	0,153	—	0,650	0,698	0,822	0,840
Pt_5	1	1,397	0,025	—	0,253	0,394	0,801	0,851
Pt_6	4500	1,483	0,395	—	0,772	0,817	0,830	0,833
Cu_2	40	0,982	0,035	—	0,268	0,378	0,951	0,961
Ag	110	1,218	0,163	—	0,514	0,682	0,989	1,047

Wurde bei diesen Versuchen der Strom mit $W=0$ hergestellt, so beobachtete man eine längere Zeit anhaltende Abnahme der elektromotorischen Kraft nur bei dem Platinblech und der Kohle.

Bei Vergröfserung des Widerstandes dagegen stieg die elektromotorische Kraft nur bei der Kohle einige Zeit an, bei dieser aber auch so lange, dafs der Eintritt eines ganz constanten Werths nicht abgewartet werden konnte. Um der Beobachtungsreihe mit Kohle also keine zu grofse zeitliche Ausdehnung zu geben, wurde bei $W = 500$ abgebrochen.

Das sehr langsame Verschwinden einer H-polarisation bei Kohle ist aber schon im 5. Abschnitt constatirt worden.

7. Betrachten wir nun zuerst die vor Schliefsung des Stromes beobachteten elektromotorischen Kräfte, so zeigen sich die Werthe für Au, Ag, Cu und Kohle in Uebereinstimmung mit den im 3. Abschnitt gegebenen Mittelwerthen. Desgleichen weichen die für Pt_1 und Pt_3 gefundenen Werthe nicht zu viel im Sinne einer Zunahme von dem Mittelwerthe ab. Dagegen ist die elektromotorische Kraft des Pt_2 sowie namentlich die des Pt_5 mit der minimalen Oberfläche von 1 Quadratmillimeter bedeutend zu klein als eine Folge des Hgehaltes, den die H_2SO_4 durch die vorhergegangenen Beobachtungen mit Pt_1 resp. Pt_3 nun besitzt, während hingegen bei dem Ptblech (Pt_5) der vorhandene H nicht hinreichte, um eine bedeutendere Abnahme der elektromotorischen Kraft zu verursachen.

Es hängt also die elektromotorische Kraft der Hpolarisation des Pt von der Dichtigkeit seiner Bedeckung mit H ab, wie schon im 4. Abschnitt geschlossen wurde.

Das Gleiche gilt auch für die Polarisation, welche durch elektrolytisch am Pt entwickelten H erzeugt wird, wie die Betrachtung der bei geschlossenem Strome gemessenen elektromotorischen Kräfte lehrt: Bei jedem beliebigen Widerstande ist die elektromotorische Kraft des Zn-Pt-Elements um so kleiner, je kleiner die Oberfläche des Pt ist. Oeffnet man aber den Strom, so beobachtet man augenblicklich fast gleiche Werthe der elektromotorischen Kraft bei grofser und kleiner Oberfläche.

Die bei den früheren Versuchen (5. Abschnitt) gebliebene Alternative ist also dahin entschieden, dafs die elektromotorische Kraft eines Zn-Pt-Elements im geschlossenen Zustande kleiner ist, als im geöffneten, aber nach Oeffnung des Stroms sehr schnell wächst. Nach der Theorie und den Versuchen von Exner sollte aber die elektromotorische Kraft, nachdem sie, wie bei den Versuchen des 5. Abschnitts, auf etwa 0,7 Dan. gesunken war — in Folge Beseitigung gelösten Sauerstoffs, wie Exner meint, in Folge Condensation von Wasserstoff, wie ich behaupte — auf diesem Werthe constant sein. Man sieht jedoch, daſs sie noch unter 0,7 Dan. sinkt, sobald man nur, während der Strom geschlossen ist, und nicht wie Exner that, nach Oeffnung desselben beobachtet.

Wenn für das Zn-Pt-Element die Differenz zwischen der elektromotorischen Kraft im geöffneten Zustand — für welche wir den früheren Mittelwerth 1,507 annehmen wollen — und im geschlossenen Zustand bei $W=0$ gebildet wird, so erhält man für das Ptblech 1,112, für Pt_3 1,407 und für Pt_5 1,482. Diese Zahlen geben die elektromotorische Kraft der Hpolarisation des Pt bei $W=0$ an, sind aber keineswegs, wie die Betrachtung der Curven ergiebt, die Maximalwerthe derselben.

Der bei dem Blech gefundene Werth stimmt mit dem bis dahin für das Maximum der Polarisation allgemein angenommenen Werthe 2,3 Dan. insoweit überein, als er nahe gleich der Hälfte desselben ist, die beiden anderen übertreffen diesen bedeutend.

Nun ist aber hervorzuheben, daſs die früheren Messungen dieser Polarisationsgröſse nur mit gröſseren Platinflächen angestellt sind, mit Ausnahme einer einzigen Beobachtung von Buff[*]), bei welcher nicht ganz 0,1 mm dicke und 25 mm lange Drähte als Elektroden dienten. Diese Beobachtung, welche zudem *während* des Durchgangs des polarisirenden Stroms geschah, hat aber auch den alle übrigen weit übertreffenden Werth von 1,95 Bunsen oder etwa 3,4 Dan. für die H-O-Polarisation des Pt geliefert. Die Hälfte hiervon, 1,7 Dan., übersteigt sogar den von mir gefundenen gröſsten

---

[*]) Buff, Pogg. Ann. CXXX, S. 342 (1867).

Werth. Hierzu sind in der neuesten Zeit Beobachtungen von Exner*) mit Wollaston'schen Spitzen getreten. Dieselben führten wieder nur zu einem Maximalwerthe der H-O-Polarisation von 2,03 Dan., sie unterscheiden sich aber auch insofern wesentlich von der Buff'schen, als die Bestimmung der Polarisation *nach der Oeffnung* des polarisirenden Stromes geschah.

Diese Erwägungen führen in Verbindung mit den obigen Beobachtungen zur Aufstellung folgender Sätze :
1) Die Frage nach dem Maximum der Hpolarisation des Pt ist noch als eine offene zu betrachten.
2) Das Maximum liegt höher, als man bisher angenommen hat.
3) Die Messung der Polarisation entweder bei geschlossenem Strom oder kurz nach der Oeffnung desselben führt wegen des schnellen Verschwindens der Polarisation nicht zu identischen Resultaten. Will man wirklich den Maximalwerth erhalten, so ist es unbedingt nöthig, die Polarisation während der Dauer des polarisirenden Stromes zu bestimmen.

In der folgenden Tabelle sind die Werthe der Hpolarisation, wie sie sich aus der vorhergehenden Tabelle für $W = 0$ und für die Zeit von 20 Minuten und 40 Minuten nach Unterbrechung des Stroms ergeben, zusammengestellt. Für Pt und Cu sind die Mittelwerthe eingesetzt.

	$W = 0$	20″ nach Oeffnung	40″ nach Oeffnung
Cu	0,93	0,02	0,01
Ag	1,08	0,23	0,17
Kohle	1,19	0,72	0,70
Pt	1,33	0,69	0,67
Au	1,36	0,61	0,45

---

*) Exner, Wied. Ann. V, S. 396 (1878).

Die elektromotorische Kraft $Cu_H \mid Cu$ in verd. H_2SO_4 ist also am kleinsten, die von $Au_H \mid Au$ am gröfsten, so lange der polarisirende Strom geschlossen ist. Die Polarisation des Au ist, wie die Vergleichung der Einzelwerthe in der vorhergehenden Tabelle zeigt, bei kleiner Stromintensität erheblich gröfser als die eines Ptdrahts gleicher Oberfläche. Zwischen Cu und Au stehen Ag, Kohle, Pt. Nach Oeffnung des Stroms bleibt die Reihenfolge die gleiche bis auf Au und Kohle, die ihre Plätze vertauschen. Die Hpolarisation der Kohle verschwindet also langsamer als die von Au.

Dafs Kohle, wenn sie als Elektrode in H_2SO_4 dient, eine sehr starke Polarisation annimmt, ist von Dufour *) schon bemerkt, und die Beobachtungen von Beetz **) haben diefs bestätigt. Das langsame Verschwinden der Polarisation hat Hr. Beetz ***) ebenfalls beobachtet †). Dagegen ist der bedeutende Werth von $Au_H \mid Au$ meines Wissens noch nicht bemerkt worden.

Betrachten wir nun die mit grofser Regelmäfsigkeit verlaufenden Curven.

Aus den 3 für Pt und den 2 für Cu gezeichneten Curven geht hervor, dafs anfangs die Curve ein desto stärkeres Ansteigen zeigt, d. h. dafs die elektromotorische Kraft in um so gröfserem Verhältnifs mit zunehmendem Widerstand wächst, je gröfser die Oberfläche des Metalls ist. Weiter folgt aus den Werthen, welche das für gleichen Rheostatenwiderstand gebildete Verhältnifs der elektromotorischen Kraft

---

*) Dufour, Beibl. I, S. 573.
**) Beetz, Wied. Ann. V, S. 12 (1878).
***) Beetz, a. a. O. S. 13.
†) Macaluso (a. a. O. S. 365) findet, wenn an Kohle in Salzsäure längere Zeit H entwickelt war, die elektromotorische Kraft $Kohle_H \mid Kohle$ in Salzsäure zu 1,24 Dan. und 5 Minuten nach Unterbrechung des Stromes zu 0,74 Dan. Diese Zahlen weichen von den oben für die Hpolarisation in Schwefelsäure gefundenen nur wenig ab.
Die entsprechenden Werthe für $Pt_H \mid Pt$ in Salzsäure giebt M. zu 0,94 und 0,68 Dan. an, sie entsprechen also ebenfalls nahe den oben bei einem Platinblech in Schwefelsäure gefundenen.

zweier Stücke desselben Metalls von verschieden grofser Oberfläche annimmt, dafs diese elektromotorischen Kräfte mit zunehmendem Widerstand mehr und mehr einander gleich werden.

Weitere Schlüsse aus diesen Beobachtungen möchte ich nicht ziehen; sie hätten werthvollere Resultate geliefert, wenn zugleich mit der elektromotorischen Kraft die Intensität des Stroms gemessen worden wäre. Bei der Aufmerksamkeit aber, welche das Elektrometer für sich in Anspruch nimmt, war es mir unmöglich, neben diesem noch einen strommessenden Apparat zu beobachten.

Leider ist es auch nicht gestattet, den Widerstand des Elements selbst bei den einzelnen Beobachtungsreihen als constant anzunehmen. Denn selbst wenn das untersuchte Metall sich immer in genau der gleichen Entfernung vom Zn befunden hätte, so wird doch der Widerstand der Flüssigkeit mit der Form und Gröfse des Metalls — in nicht bekannter Weise — veränderlich sein, nämlich mit abnehmender Oberfläche wachsen.

Sollten darum diese Verhältnisse durch die Curven eine annähernd richtige Darstellung finden, so müfste jede auf kleinere Oberfläche des Metalls sich beziehende Curve parallel der Abscissenaxe nach der Richtung wachsender Widerstände verschoben werden.

Denkt man sich diefs ausgeführt, so erscheinen die auf dasselbe Metall bezüglichen Curven sehr ähnlich.

Das obige Resultat jedoch, dafs bei gleichem Rheostatenwiderstand die elektromotorische Kraft mit der Kleinheit der Oberfläche abnimmt, also die Polarisation zunimmt*), tritt durch eine solche Verschiebung der Curven nur um so mehr hervor.

Die den verschiedenen Metallen angehörenden Curven sehen sich in ihrem allgemeinen Charakter ähnlich. Verschiedenheiten, welche sehr regelmäfsig und unverkennbar auftreten, ergeben sich folgendermafsen :

---

*) Einen Anspruch auf Neuheit erhebt dieser Satz selbstverständlich nur mit Bezug auf diejenigen der oben angegebenen Werthe der Polarisation, welche das bis dahin angenommene Maximum übertreffen.

Man bilde wieder das Verhältnifs der elektromotorischen Kräfte für gleiche Rheostatenwiderstände, so findet man immer, dafs mit wachsendem Widerstand $\frac{Pt}{Au}$ zuerst zu- und später abnimmt, und dafs sich ganz ebenso auch $\frac{Pt}{Cu}$ und $\frac{Cu}{Au}$ verhalten.

Endlich sei noch bemerkt, dafs die auf das Zn-Pt-Element bezüglichen Curven eine zur Abscissenaxe parallele und im Abstand von etwa 0,7 Dan. von dieser verlaufende Asymptote besitzen müssen, falls die H_2SO_4 mit H gesättigt ist. Wegen der Gröfse des benutzten Gefäfses war diese Bedingung bei den vorhergehenden Versuchen aber schwer zu erfüllen.

8. Im 3. Abschnitt habe ich die Ansicht vertreten, dafs, wenn man Pt in Hhaltige H_2SO_4 bringt, der H sich auf dem Pt condensirt, wodurch dann die Potentialdifferenz zwischen Zn und Pt abnimmt.

Folgender Versuch scheint auf den ersten Blick mit dieser Ansicht wenig in Einklang zu stehen. Von zwei durch capillaren Heber verbundenen, mit H_2SO_4 gefüllten Gefäfsen wurde das eine, in welchem ein Zinkcylinder stand, mit H gesättigt, in das andere, H freie, wurde ein Ptdraht eingesetzt.

Nachdem die Potentialdifferenz Zn | Pt gemessen war (1,507 Dan.), wurde das Pt in das andere Gefäfs gebracht und wieder der Potentialunterschied bestimmt. Es fand sich sofort der Minimalwerth 0,7 Dan. Brachte ich darauf das Pt wieder in das Hfreie Gefäfs, so erhielt ich statt eines zwischen 1,5 und 0,7 Dan. liegenden Werths der elektromotorischen Kraft — wie ich eigentlich erwartet hatte — einen etwas über 1,5 liegenden.

So wuchs die Ablenkung in einem Versuch von 209,5 auf 213,7, in einem anderen von 198,5 auf 199,5, in einem dritten von 206,0 auf 209,2.

Gold aber verhielt sich entgegengesetzt. Es wurde in drei Fällen beobachtet:

im Hfreien	Gefäfs	die Ablenkung	86,2	87,6	185,9
„ Hhaltigen	„	„	„	81,0	78,0	180,5
„ Hfreien	„	„	„	84,1	83,6	181,3.

Die Drähte waren 1—3 Minuten in der Hhaltigen Säure geblieben.

Auf welche Weise die Zunahme bei Pt zu Stande kommt, vermag ich vorläufig nicht einzusehen. Bliebe die elektromotorische Kraft constant — was ja näherungsweise auch richtig ist —, so würde man folgendermaafsen erklären:

Das Pt condensirt in der Hhaltigen Flüssigkeit H, zwar jedenfalls nur in kleiner Menge, die aber doch genügt, die elektromotorische Kraft bis auf den Minimalwerth von 0,7 Dan. zu vermindern. Dieser condensirte H wird aber nicht tief in das Pt eindringen *).

Wird das Pt nun in das Hfreie Gefäfs gebracht, so condensirt es auf dem Wege durch die Luft hinreichend O, welcher, indem er sich mit dem H verbindet, die polarisirende Wirkung des letztern aufhebt.

Au verdichtet, wie schon gezeigt, ebenfalls etwas H, und es nimmt dadurch seine elektromotorische Kraft in Schwefelsäure ab. Zeigt Au, wenn es später wieder in Hfreie Schwefelsäure gebracht wird, noch einen Theil dieser Abnahme, so beweist das, dafs eine katalytische Kraft, wie sie das Pt besitzt, dem Au abgeht.

9. Bei den im 3. Abschnitt mitgetheilten Versuchen hatte ich zuweilen Werthe der elektromotorischen Kraft erhalten, die von der Mehrzahl zu bedeutend abzuweichen schienen, als dafs die Differenz aus Beobachtungsfehlern hätte erklärt werden können. Ich vermuthete deshalb den Grund in Concentrationsunterschieden der Schwefelsäure und habe, als sich diese Vermuthung bestätigte, den Einflufs der Concentration auf die elektromotorische Kraft der Combinationen Zn-Pt, Zn-Au, Zn-Ag und Zn-Cu durch ausgedehnte Reihen von Versuchen ermittelt.

Bei denselben befand sich in einem mit verd. Schwefel-

---

*) Dafs der in der Flüssigkeit gelöste H nicht in das Innere des Pt dringt. scheint auch daraus hervorzugehen, dafs mit dem Eintauchen des Pt die elektromotorische Kraft sofort einen constanten Werth annimmt (vgl. 4. Abschnitt).

säure gefüllten Glase ein Zncylinder. Durch einen capillar ausgezogenen, ebenfalls mit verd. Säure gefüllten Heber communicirte dasselbe mit einem Gläschen, welches die zu prüfende Concentration enthielt. Das betreffende Metall tauchte in Drahtform in diese ein. Das Gläschen konnte ohne Berührung von Metall und Heber entfernt und durch ein anderes, eine andere Concentration enthaltendes ersetzt werden.

Die Gläschen waren mit Ausnahme der kurzen für die Beobachtung erforderlichen Zeit durch Glasstöpsel verschlossen.

In der Curventafel (Tf. III, Fig. 2) sind die Concentrationen als Abscissen, die elektromotorischen Kräfte in Daniells ausgedrückt als Ordinaten eingetragen.

Bei diesen Curven ist zunächst der steile Verlauf bei ganz kleinen Concentrationsgraden auffallend: Die minimalste Menge H_2SO_4 dem Wasser, welches das Pt, Au, Ag oder Cu umgiebt, zugesetzt, ändert die elektromotorische Kraft ganz erheblich, bei Pt und Au im Sinne einer Zunahme, bei Ag und Cu im Sinne einer Abnahme. Die äußerste Spitze eines dünnen konisch zulaufenden Glasstäbchens wurde in concentrirte Schwefelsäure getaucht und damit das Wasser des Gefäßes, welches beiläufig etwas mehr als $1/20$ Liter faßte, umgerührt. Dadurch änderte sich aber die elektromotorische Kraft

des Zn-Pt-Elements von 1,347 auf 1,508,
„ Zn-Au „ „ 1,300 „ 1,452,
„ Zn-Ag „ „ 1,334 „ 1,262,
„ Zn-Cu „ „ 1,095 „ 1,016.

Bei dieser außerordentlich verdünnten Schwefelsäure besitzt nun die elektromotorische Kraft des Pt und des Au bereits einen Maximalwerth, auf welchem sie bei weiterem Zusatz von H_2SO_4 zunächst stehen bleibt. Sie sinkt dann bis zu einem Minimum, steigt nochmals stark an — bei Pt fast bis zum ersten Maximum, bei Au über dieses hinaus — und nimmt bei sehr großer Concentration nochmals ein wenig ab.

Diesem übereinstimmenden Verhalten des Pt und Au entgegen nimmt die elektromotorische Kraft von Cu und Ag anfangs stark ab. Die Abnahme hält beim Ag bis zur größten

Concentration an, bei Cu erreicht die elektromotorische Kraft mit einer Concentration von 60—70 einen kleinsten Werth und steigt darauf wieder etwas, ohne den der Concentration Null entsprechenden Werth zu erreichen.

Bezüglich der bei diesen Messungen erreichten Genauigkeit ist zu bemerken:

Ich begann mit der Prüfung des reinen Wassers, ging allmählich bis zur gröfsten Concentration und sodann in umgekehrter Reihenfolge zurück bis zum Wasser.

Trotz der Vorsicht, den Draht vor der Messung der elektromotorischen Kraft bei einer neuen Concentration mehrmals in dieser herumzuführen (vermittelst einiger Auf- und Niederbewegungen des Gläschens), ergab sich doch bei den mittleren und höheren Concentrationen häufig nicht die erwünschte Uebereinstimmung zwischen den zwei für jede Concentration erhaltenen Werthen.

Dieselbe war gut nur bei Ag und Cu, wenig zufriedenstellend dagegen bei Pt und Au.

Aus der Gesammtheit der Versuche geht aber hervor, dafs der Einflufs der Concentration ein recht complicirter ist. In der That hat man ja auch nach den Vorstellungen der Contacttheorie nicht nur den Contact des Metalls mit der Schwefelsäure variabler Concentration, sondern auch den Contact dieser mit der das Zn umgebenden Säure bei einer Erklärung der obigen Erscheinungen zu berücksichtigen.

Am einfachsten gestaltet sich der Einflufs der Concentration beim Ag. Doch scheint die starke Abnahme bei kleinen, die geringe bei mittleren, die viel stärkere wieder bei hohen Concentrationsgraden auch beim Ag auf ein Zusammenwirken wenigstens zweier Ursachen hinzuweisen.

10. Es sei mir schliefslich gestattet, auf die Theorie von Hrn. Exner sowie auf einige der oben gewonnenen Resultate nochmals zurückzukommen.

Aus der Eingangs der Arbeit gegebenen kurzen Schilderung dieser Theorie geht hervor, dafs irgend eins der untersuchten Elemente, auch ohne dafs es geschlossen worden ist, im geöffneten Zustande eine elektromotorische Kraft von 0,732 Dan. zeigen müfste, wenn die Schwefelsäure keine Luft enthält.

Dieses experimentum crucis hat aber die Exner'sche Theorie noch nicht bestanden, der Versuch, welchen Hr. Exner anstellt, ist ein ganz anderer, denn statt, wie verlangt, nur die Luft aus der Schwefelsäure herauszuschaffen, hat Exner, indem er das Element schlofs, zwar die Luft (den O) heraus-, dafür aber H hereingeschafft. Dadurch verliert dieser Versuch seine Beweiskraft für Diejenigen, welche, sonstigen Thatsachen Rechnung tragend *), an der Ansicht festhalten, dafs durch Wasserstoffbedeckung das elektrische Verhalten des Platins sich ändert.

Gesetzt aber auch, man wollte hierüber hinwegsehen, gesetzt ferner, die Exner'sche Theorie vermöchte die sehr grofse Ungleichheit der elektromotorischen Kräfte der verschiedenen Elemente im nicht polarisirten Zustande zu erklären, so verlangt sie doch wenigstens, dafs alle Elemente, nachdem durch Hentwicklung der O beseitigt ist, die gleiche Kraft zeigen. Exner findet in der That eine solche Gleichheit bei Pt und Cu, während die Versuche von Beetz und mir sowohl die Ungleichheit dieser beiden Elemente, als auch noch verschiedener anderer beweisen. Wie und warum es Exner möglich war, Gleichheit der elektromotorischen Kräfte zu beobachten, erscheint nach den Ausführungen des 5. Abschnitts nicht schwer verständlich.

Den Werth, welchen Exner als den theoretischen bezeichnet, nämlich 0,732 Dan., habe ich beim Zn-Pt-Element nahezu (0,708) gefunden, wenn das Pt aus der Flüssigkeit soviel H verdichten konnte, als es überhaupt zu condensiren vermag. Wurde durch Elektrolyse H am Pt entwickelt, so sank die elektromotorische Kraft — im Widerspruch mit Exner's Theorie, nach welcher 0,732 Dan. der Minimalwerth für die elektromotorische Kraft aller untersuchten Elemente sein

---

*) Man vergleiche die schon erwähnte Dissertation von Schulze-Berge: Ueber die Elektricitätserregung beim Contact von Metallen und Gasen. — Beetz, Wied. Ann. X, S. 360 (1880).

müfste — um ein Weiteres; wurde aber der Strom unterbrochen, so stieg sie sehr bald wieder bis zu dem obigen Werth.

Fast derselbe Werth ist auch von Exner und Beetz gefunden worden, als sie nach Unterbrechung des Stroms die Verbindung des Elements mit dem Elektrometer herstellten.

Macaluso hat aus seinen Beobachtungen, welche eine gröfsere elektromotorische Kraft des mit H bedeckten Pt ergaben, wenn derselbe am Pt elektrolytisch entwickelt, als wenn er in der umgebenden Salzsäure gelöst war und aus dieser vom Pt aufgenommen wurde, geschlossen, dafs der elektrolytisch entwickelte (elektrische) H sich in einem activen Zustand befinde und sich von dem gewöhnlichen (chemischen) unterscheide, wie das Ozon vom Sauerstoff. Doch soll der elektrische H kurze Zeit nach seiner Entwicklung in den Zustand des gewöhnlichen übergehen.

Ich glaube nicht, dafs es nöthig ist, eine solche Trennung vorzunehmen, bin vielmehr der Ansicht, dafs der Unterschied des elektrischen Verhaltens lediglich eine Folge der verschiedenen Dichtigkeit ist, mit welcher der H in beiden Fällen am Pt erscheint.

Dafs die elektromotorische Kraft des mit H bedeckten Pt gegen reines Pt allein eine Function der Dichtigkeit der Hbedeckung sei, ist durchaus kein neuer Satz*), der durch die obigen Beobachtungen in jeder Hinsicht bestätigt wird. Das elektrische Verhalten des Pt wird schon durch die sehr geringe Hmenge, welche von H_2SO_4 absorbirt wird, stark geändert, indem hierdurch die elektromotorische Kraft des Zn-Pt-Elements um 0,8 Dan. im Maximum abnehmen kann.

Einer elektromotorischen Kraft des mit H bedeckten gegen reines Pt von 0,8 Dan. entspricht nun, behaupte ich, diejenige Dichte des H, welche durch die Molekularattraction des Pt und des H allein überhaupt zu Stande kommen kann. Tritt noch elektrolytische Entwicklung von H hinzu, so steigt — desto mehr, je stärker der Strom — die Dichte des H,

---

*) Vgl. Wied. Galv. (2) I, S. 683.

und die elektromotorische Kraft des Pt-Zn-Elements nimmt noch unter 0,7 Dan. ab, die des mit H bedeckten gegen reines Pt steigt noch über 0,8 Dan. hinaus.

Wird der Strom geöffnet, so fällt die Dichte des H wieder auf den Werth, welcher einer elektromotorischen Kraft $Pt_H \mid Pt = 0{,}8$ Dan. entspricht, resp. sinkt noch unter diesen, wenn die umgebende Flüssigkeit mit H nicht gesättigt ist. Das Letztere ist natürlich unumgänglich nothwendig, wenn der H auf dem Pt das ohne Elektrolyse mögliche Maximum der Dichtigkeit bewahren soll.

Die Abnahme der Dichtigkeit erfolgt aber nach Unterbrechung des Stromes aufserordentlich rasch.

Hierdurch erklären sich wohl alle Thatsachen.

Wenn Macaluso findet, dafs eine gröfsere Concentration der Salzsäure dem Auftreten der activen Modification des H ungünstig ist, so könnte diefs Folge einer mit zunehmender Concentration zunehmenden Löslichkeit des H in Salzsäure sein.

Man hat bisher angenommen, dafs die Stromesdichtigkeit auf die Gröfse der Polarisation nur so lange einen Einflufs ausübe, als dieselbe unter dem Werthe 2,3 Dan., welchen man als den Maximalwerth der H-O-Polarisation des Pt ansieht, bleibt. Dieses Maximum würde bei kleinerer Oberfläche des Pt früher, als bei gröfserer, erreicht werden.

Unter der Annahme der Gleichheit der Polarisationen durch H und durch O weisen aber meine Beobachtungen auf einen viel gröfseren Werth des Maximums hin.

Bestätigt sich diefs, so würde der von Hrn. Exner vertretenen Theorie eine Schwierigkeit erwachsen, indem dann die chemische Energie der Verbindung von H mit O und von H_2O mit O, deren Verhältnifs zur chemischen Energie im Daniell Exner zu 1,9 berechnet, der elektromotorischen Kraft des Polarisationsmaximums wenig mehr entspricht, während Exner fast vollständige Gleichheit (1,9 und 2,0 Dan.) annehmen zu können glaubte.

Doch möchte ich jetzt schon — vorbehaltlich späterer genauerer Mittheilung — die Bemerkung machen, dafs bei der Messung der Hpolarisation des Pt Verwicklungen eintreten, welche erst genauer untersucht werden müssen, ehe man über das Polarisationsmaximum bestimmte Angaben machen kann.

Auf die Resultate, welche die Untersuchung des Einflusses der Concentration geliefert hat, will ich hier nicht weiter eingehen. Es wird sich vielleicht Gelegenheit finden, dieselben im Zusammenhange mit einer neueren Abhandlung von Hrn. Exner*) zu besprechen.

Anhang.

Ueber den Einfluss, welchen die Concentration der Salpetersäure auf die elektromotorische Kraft der Combination $Zn\text{-}H_2SO_4\text{-}HNO_3\text{-}Pt(Au)$ ausübt.

Im Anschluss an die oben beschriebenen Versuche habe ich auch die Salpetersäure mit Rücksicht auf den Einfluss, welchen die Concentration derselben auf ihre elektromotorische Kraft gegen Pt und Au ausübt, geprüft. Diese Frage war mir wegen anderweiter Untersuchuugen, über die in Kürze berichtet werden soll, besonders wichtig.

Die Methode ist genau die bei den Versuchen mit H_2SO_4 benutzte, an die Stelle der H_2SO_4 in den Glasfläschchen trat nur HNO_3.

Die Resultate sind durch die Curven Tafel III, Fig. 3 dargestellt: Abscisse ist die Concentration, Ordinate die elektromotorische Kraft (Daniell = 1 gesetzt) von Pt resp. Au in HNO_3 in der Combination mit Zn in H_2SO_4. Letztere war sehr verdünnt.

Die Unregelmäfsigkeiten, an welchen die Prüfung des Pt und Au in H_2SO_4 verschiedener Concentration litt, sind bei HNO_3 niemals aufgetreten, die Uebereinstimmung zwischen den einzelnen Resultaten war eine sehr befriedigende.

---

*) Exner, Theorie des galvanischen Elements. Wien. Ber. LXXXII, S. 376—424 (1880).

Das Gesetz, welches den Einfluſs der Concentration der HNO₃ auf die elektromotorische Kraft eines Zn-H₂SO₄-HNO₃-Pt- (Grove'schen) Elements bestimmt, ist verhältniſsmäſsig sehr einfach :

Die elektromotorische Kraft wächst stetig mit zunehmender Concentration. Geht man von der Concentration Null aus, so ändert sich die elektromotorische Kraft zuerst sehr rasch — eine kleine Spur HNO₃, welche dem reinen Wasser auf die oben bei der Untersuchung der Schwefelsäure beschriebene Weise zugesetzt wird, verursacht eine Zunahme der elektrom. Kraft von 1,368 auf 1,560 Dan. —, schon bei ganz kleinen Concentrationsgraden hört aber dieses starke Ansteigen der Curve auf, sie wird concav gegen die Abscissenaxe bis etwa zur Concentration 40, wo sie wieder eine geringe Convexität annimmt. Im Mittel mag man von 1procentiger bis zu 83procentiger Säure eine der Zunahme der Concentration proportionale Zunahme der elektromotorischen Kraft setzen. Einer Aenderung der Concentration um $C = 1$ entspricht dann eine solche der elektromotorischen Kraft von 0,004 Dan. Von $C = 0$ bis $C = 1$ beträgt dagegen die Zunahme das 63fache dieser mittleren zwischen $C = 1$ und $C = 83$, nämlich 0,254 Dan.

Tritt Au an die Stelle von Pt, so bleibt die Gestalt der Curve fast genau die nämliche. Die bei Wasser, wie schon früher gefunden, etwas kleinere elektromotorische Kraft bleibt auch bei steigendem Gehalt an HNO₃ fortwährend ein wenig kleiner als bei Pt, ohne daſs aber die Differenz bei mittleren Concentrationen die Gröſse von 0,02 Dan. überschritte. Erst von etwa $C = 70$ an wächst die elektromotorische Kraft langsamer, die Curve krümmt sich nach der Abscissenaxe und die Differenz der elektromotorischen Kräfte von Pt und Au steigt auf 0,07 Dan. bei 83procentiger Säure.

Ich beabsichtige in Kürze weitere Aufschlüsse über das galvanische Verhalten des Au mitzutheilen.

Früher [*]) habe ich gefunden, daſs die elektromotorische

---

[*]) Fromme, Wied. Ann. VIII, S. 327—335 (1879).

Kraft eines Grove'schen Elements, wenn sie mit einem empfindlichen Galvanometer unter Einschaltung eines sehr grofsen Widerstands bestimmt wird, beim Uebergange von 86procentiger zu 20procentiger Salpetersäure um 12,5 Proc. abnimmt. Hiermit stimmen die vorstehenden, mit geöffneten Elementen erhaltenen Resultate vollkommen überein : Durch die Ersetzung von 83procentiger durch 19procentige Säure nimmt die elektromotorische Kraft um 12,6 Proc. ab.

Giefsen, Anfang December 1880.

IV.

Versuche über die Absorption von Strahlen durch Gase; nach einer neuen Methode ausgeführt

von W. C. Röntgen.

Die Methode, der sich die Physiker bis jetzt bedienten, um die Absorption von dunklen Strahlen durch Gase zu untersuchen, ist abgesehen von einigen constructiven Verschiedenheiten im Wesentlichen immer dieselbe gewesen. Man hat nämlich einen Theil der Strahlen irgend einer constant bleibenden Quelle mit der Thermosäule aufgefangen und nach einander verschiedene Gase zwischen die Wärmequelle und die Thermosäule gebracht; aus der Intensität des entstehenden Thermostromes hat man dann auf die in diesen Gasen absorbirten Wärmemengen geschlossen. Es ist nun genugsam bekannt, wie verschieden die Resultate sind, zu welchen die einzelnen Forscher gekommen sind, und wie viele Fehlerquellen jene Methode enthält.

Angesichts dieser Sachlage schien es mir von Interesse zu sein, die Absorption der Gase in einer Weise zu untersuchen, welche von der früheren durchaus verschieden ist. In einer am 8. Dec. vorigen Jahres der Oberh. Gesellsch. f. Natur- u. Heilk. vorgelegten Abhandlung*) habe ich zwei Verfahren mitgetheilt, welche über das Verhalten der Gase gegen dunkle Strahlen Aufschluſs geben können; in den verflossenen Monaten December, Januar und Februar habe ich eine groſse Zahl von Versuchen nach der einen jener zwei Methoden angestellt, über welche ich im Folgenden auszugsweise berichten möchte.

---

*) cf. S. 23 dieses Ber. und Wied. Ann. XII, S. 155.

Die Ueberlegung, welche dem Verfahren zu Grunde liegt, ist die folgende. Wenn ein Körper Strahlen absorbirt, so erwärmt sich derselbe in Folge dessen; andere Wirkungen, wie Fluorescenz, chemische oder elektrische Processe sollen nicht vorhanden sein. Diese Erwärmung muſs nun besonders gut nachweisbar sein bei Gasen, da das Volumen oder der Druck derselben sich in verhältniſsmäſsig beträchtlicher Weise mit der Temperatur ändert. Denkt man sich die Gase in einer vollständig diathermanen Hülle von anfänglich derselben Temperatur eingeschlossen und plötzlich einer constanten Bestrahlung ausgesetzt, so wird die Temperatur der *absorbirenden* Gase über die Temperatur der Hülle steigen; die Zunahme der Temperatur wird bei fortgesetzter Bestrahlung so lange dauern, bis die durch Strahlung dem Gas mitgetheilte Wärmemenge gleich ist der Wärmemenge, welche das Gas seiner Umgebung abgiebt. — Beobachtet man somit den Druck des Gases, so wird man finden, daſs der Druck der *absorbirenden* Gase während der Bestrahlung zunimmt und zwar im Anfang rasch und später langsamer; sobald das vorhin erwähnte Gleichgewicht zwischen empfangener und abgegebener Wärme eingetreten ist, wird sich der Druck nicht mehr ändern, sondern um eine constante Gröſse höher sein als der ursprüngliche Druck. Unterbricht man darauf die Bestrahlung, so wird das Gas sich abkühlen nach einiger Zeit ist die anfängliche Temperatur, und der anfängliche Druck wenigstens sehr nahezu wieder vorhanden.

Anders wird sich dagegen die Sache verhalten, wenn das Gas wie die Hülle vollständig diatherman ist; in diesem Fall wird Temperatur und Druck während der Bestrahlung unverändert bleiben.

Nun ist es in Wirklichkeit nicht möglich eine vollständig diathermane Hülle herzustellen*); deshalb wird bei der Aus-

---

*) Ein ganz aus Steinsalz verfertigtes Gefäſs würde wohl die Bedingung der Vollständigen Diathermansie am besten erfüllen und lieſse sich ohne Zweifel herstellen; die Mittel, welche dem hiesigen Institut zu Gebote stehen, erlauben jedoch die Anschaffung eines solchen Apparats nicht.

führung das Gas auch Wärme von der sich durch Absorption erwärmenden Gefäſswand erhalten, und dadurch die Temperatur und Druckzunahme etwas complicirter verlaufen, als oben angegeben wurde; allein man kann diese Wärmemenge in einer sofort nachher anzugebenden Weise sehr klein machen, und auſserdem bleibt das charakteristische Merkmal für das Vorhandensein von Absorption seitens des Gases bestehen, nämlich ein verhältniſsmäſsig rasches Ansteigen der Temperatur (des Druckes) im Anfang der Bestrahlung und ein constant bleibender Temperatur-(Druck)Ueberschuſs bei fortgesetzter Bestrahlung.

Man erkennt somit, daſs die angegebene Methode im Stande ist die Frage nach der Absorption qualitativ zu entscheiden; dieselbe ist, wie ich zeigen werde, wesentlich einfacher und einwurfsfreier als die früher befolgte, bei der die Messungen mittelst der Thermosäule und des Galvanometers vorgenommen wurden; auſserdem besitzt dieselbe den Vorzug, die betreffenden Erscheinungen gewissermaſsen näher an ihrem Ursprung untersuchen zu können. Würde auch die Aufgabe vorliegen, in genauer Weise zu bestimmen, wie viel Wärme das eine Gas mehr absorbirt als das andere, so müſste noch die Wärmemenge bekannt sein, welche das eine und das andere Gas der umgebenden Hülle von bekannter Beschaffenheit und Gestalt abgibt, wenn die Temperatur desselben um einen bekannten und constanten Betrag höher ist als die Temperatur jener Hülle. Ich bezweifele nicht, daſs es Mittel und Wege giebt, zu dieser Kenntniſs zu gelangen; vorläufig habe ich jedoch von einer solchen genauen Bestimmung absehen müssen.

Die benutzten Apparate.

Die Apparate, in welchen die zu untersuchenden Gase eingeschlossen wurden, sind verschieden; am häufigsten wurde eine horizontal aufgestellte Messingröhre von 2,7 cm innerem Durchmesser und 7 cm Länge gebraucht, welche auf der einen Seite durch eine aufgekittete Steinsalzplatte*), auf der

---

*) Die Steinsalzplatten wurden sorgfältig geschliffen und gut polirt; dieselben muſsten öfters gewechselt werden.

anderen durch eine polirte Metallplatte geschlossen ist. Die Röhre ist inwendig hoch polirt, damit die Strahlen möglichst gut reflectirt werden und mehreremale durch das Gas hin und her gehen; außerdem ist die Dicke der Messingwand ziemlich beträchtlich gewählt, damit die Erwärmung derselben möglichst gering ausfalle; unter diesen Umständen und bei nicht zu intensiver Bestrahlung vermag die Messingröhre ziemlich gut eine aus einer diathermanen Substanz verfertigte zu ersetzen; jene hat aber gegen diese den Vorzug voraus, daß die einfallenden Strahlen mehr als ein mal durch das Gas hindurch gehen. Zwei aufgekittete Glasröhrchen communiciren mit zwei kleinen Oeffnungen in der Röhrenwand, von denen die eine oben neben der Metallplatte, die andere unten neben der Steinsalzplatte liegt; die Röhrchen dienen zunächst zum Füllen des Apparats mit dem betreffenden Gas und sind deshalb mit dickwandigen, möglichst kurzen Kautschukschläuchen versehen. Während der Bestrahlung ist der eine Kautschukschlauch verschlossen und der andere zum Zweck der Druckmessung mit einem Marey'schen Tambour verbunden, dessen Einrichtung ich als bekannt voraussetzen darf. Der Hebel des Tambours schreibt seine Bewegungen auf einen gleichmäßig rotirenden, mit berußtem Papier überzogenen Cylinder auf, wodurch die im Gase stattfindenden Druckänderungen automatisch aufgezeichnet werden. Die Vorzüge der Anwendung eines solchen Kymographions liegen auf der Hand. Die erhaltenen (ungefähr 400) Zeichnungen sind ungemein instructiv; ich hoffe die wichtigsten derselben möglichst bald in einer anderen Zeitschrift veröffentlichen zu können.

Ein zweiter Apparat besteht aus einer 20 cm langen, im Uebrigen der vorhin beschriebenen gleichen Röhre; bei einem dritten ist die Messingröhre durch eine gleich weite und 20 cm lange Glasröhre ersetzt; und endlich wurden noch verschiedene Blechröhren, die anstatt durch Steinsalz, durch dünne Birmingham Glasplatten geschlossen sind, verwendet.

Als Strahlenquelle benutzte ich nach einander: die Flamme eines Bunsen'schen Brenners, ein hellroth glühendes Platinblech, die Sonne, eine geschwärzte Metallfläche von 100^0 und

Drummond'sches Kalklicht. Der Bunsen'sche Brenner ist mit einer Vorrichtung zum Weiterbrennen versehen, durch welche ein sehr kleines Flämmchen fortbrennt, wenn der Hahn des Brenners geschlossen, und dadurch die eigentliche Flamme gelöscht wird; dieses Flämmchen zündet den Brenner sofort wieder an, wenn der Hahn geöffnet wird. Im Augenblick des Oeffnens fängt folglich die Bestrahlung sofort in voller Stärke an und hört beim Schliefsen sofort auf. In den Fällen, wo die anderen Strahlenquellen benutzt wurden, wurden bewegliche athermane Schirme zwischen der Röhre und der Quelle gehalten; im Augenblick, wo dieselben rasch entfernt werden, nimmt die Bestrahlung ihren Anfang.

Die Versuche.

I. *Versuche mit berufsten Apparaten.*

Die oben erwähnten Blechröhren wurden mit berufsten Glasplatten versehen und der Strahlung ausgesetzt; das Gas wird blofs erwärmt durch Berührung mit der sich erwärmenden Verschlufsplatte, da die Rufsschicht so dick ist, dafs keine Strahlen von derselben durchgelassen werden. Der Druck steigt ganz gleichmäfsig und der Dauer der Bestrahlung proportional; die Druckcurve ist eine gerade Linie, welche gegen die Gerade unveränderten Druckes (im Folgenden der Kürze halber als Abscissenaxe bezeichnet) schwach geneigt ist; die Temperatur des Gases ist in keinem Augenblick merklich von der Temperatur der Hülle verschieden. Verschiedene Gase verhalten sich gleich.

II. *Versuche mit ungeschwärzten Röhren.*

a. **Einflufs der Natur des Gases.**

Die Gase wurden in der kurzen Messingröhre untersucht, und zunächst durch die Flamme des Bunsen'schen Brenners bestrahlt, welche in einer Entfernung von 3 bis 4 cm von der Steinsalzplatte stand.

Atmosphärische Luft, die durch Kalilauge von Kohlensäure und durch Chlorcalcium und Phosphorsäure von Wasserdampf befreit ist, giebt eine schwach gegen die Abscissenaxe geneigte gerade Linie als Druckcurve; zum Beweise, dafs die Temperatur in keinem Augenblick merklich von der der Hülle verschieden ist; dafs eine Absorption durch das Gas somit nicht in nachweisbarer Weise vorhanden ist. Es ist zu bemerken, dafs die Reinigung der Gase in äufserst sorgfältiger Weise geschehen mufs, da die geringsten Spuren von Beimischungen einen sehr bemerkbaren Einflufs auf die Absorptionserscheinungen ausüben können.

Wie Luft verhält sich auch *Wasserstoff*, der aus reinem Zink und reiner Schwefelsäure dargestellt und mittelst Silberlösung, Chlorcalcium und Phosphorsäure gereinigt ist.

Sorgfältig getrocknete *Kohlensäure* dagegen ergiebt eine ganz andere Druckcurve; sofort nach Anfang der Bestrahlung steigt die Curve steil in die Höhe, krümmt sich dann gegen die Abscissenaxe und geht erst nach einiger Zeit (wenigen Secunden) in eine schwach geneigte gerade Linie über, welche ungefähr 20 mm über der Abscissenaxe liegt. Wird die Bestrahlung unterbrochen, so fällt die Curve zunächst steil ab, um wieder allmählich in eine Gerade überzugehen. Daraus folgt, dafs die Temperatur der Kohlensäure während der Bestrahlung in Folge von Absorption von Seiten des Gases höher ist als die Temperatur der Hülle; der mittlere Betrag dieses Ueberschusses läfst sich einfach berechnen; die durch Absorption erzeugte Druckänderung ergiebt sich aus der Curve zu 36,0 mm Wasser, daraus folgt, dafs die Temperatur im Mittel um ungefähr $1,0^0$ höher ist als die der Umgebung.

Ist die Kohlensäure in geringer Menge der diathermanen atmosphärischen Luft beigemischt, so macht sich ihre Anwesenheit sofort deutlich bemerkbar; sorgfältig getrocknete Luft aus dem Freien genommen, welche somit ungefähr in 10000 Vol. 4 Vol. Kohlensäure enthält, giebt eine Druckcurve, die auf den ersten Blick unverkennbar das Vorhandensein von Absorption anzeigt. Der Drucküberschufs beträgt ungefähr 3 mm Wasser. Wurde die Luft aus einem Zimmer (Hörsaal) genommen, in welchem mehrere Personen sich längere Zeit aufgehalten hatten, so war die Zunahme des Kohlensäuregehalts durch die stärkere Absorption gut nachweisbar. Ich glaube deshalb, dafs die Methode ein aufserordentlich empfindliches und zugleich einfaches Reagens auf die Anwesenheit von kleinen Kohlensäuremengen an die Hand giebt. Versuche in dieser Richtung werden augenblicklich im Laboratorium angestellt.

Ich mufs gestehen, dafs die Beobachtungen mit Kohlensäure mich aufserordentlich frappirt haben.

Die Untersuchung des *Wasserdampfes* interessirte mich nun ganz besonders, da die Frage, ob derselbe dunkle Strahlen absorbirt, zwar viel erörtert, aber bis jetzt wohl nicht definitiv beantwortet worden ist. Der Wasserdampf konnte nur in Beimischung zu kohlensäurefreier atm. Luft untersucht werden, da mein Apparat nicht gestattete, reinen Wasserdampf von beträchtlicher Dichte anzuwenden. Die vielen Versuche, die ich anstellte, ergaben ganz evident und ohne Ausnahme, dafs Wasserdampf Strahlen der Flamme des Bunsen'schen Brenners verschluckt. Die Absorption nimmt mit der Menge des in der Luft enthaltenen Wasserdampfes zu; wenn dieselbe z. B. bei ungefähr $5,5^0$ gesättigt war, so betrug der durch Absorption erzeugte Drucküberschufs ungefähr 2 mm; war dieselbe dagegen bei 21^0 gesättigt, so fand ich einen Ueberschufs von ungefähr 6 mm Wasser. Es scheint mir wahrscheinlich, dafs die Kohlensäure ein gröfseres Absorptionsvermögen für Strahlen des B. Brenners besitzt als Wasserdampf.

Kohlenoxyd, bereitet aus Blutlaugensalz und Schwefelsäure und gereinigt durch Kalkmilch, Kalilauge, Chlorcalcium und Phosphorsäure. Dieses Salz verhält sich bekanntermafsen in mancher Beziehung wie atm. Luft; Dichte, spec. Wärme, Reibungsconstante, Wärmeleitungsfähigkeit sind bei beiden Gasen ungefähr übereinstimmend. Es zeigt sich aber, dafs Kohlenoxyd ein kräftig absorbirendes Gas ist; der Drucküberschufs betrug 17,5 mm Wasser.

Es ist auch hier die Möglichkeit vorhanden, Spuren dieses Gases, welche sich in der atm. Luft befinden, in quantitativer Weise nach der beschriebenen Methode zu bestimmen.

Da es nun schwierig ist, andere Gase, welche noch vielleicht in den Apparat eingeführt werden dürften, in vollständig reinem Zustande zu erhalten, und andererseits geringe Beimischungen einen bedeutenden Einfluſs auf die Absorption ausüben können, so glaubte ich mich vorläufig darauf beschränken zu müssen, die genannten Gase und nur diese in ausführlicher Weise zu untersuchen. Zwar habe ich einige Versuche angestellt, welche die Absorptionsfähigkeit des Ammoniaks, des Leuchtgases, des Ozons u. s. w. beweisen; allein ich möchte in diesem Auszug jene Versuche nicht weiter erwähnen.

b. Versuche mit anderen Strahlenquellen.

Die Flamme des Bunsen'schen Brenners wurde erstens ersetzt durch ein hellroth *glühendes Platinblech*, welches in einer Entfernung von ungefähr 3 cm von der Steinsalzplatte aufgestellt wurde.

Atm. Luft und Wasserstoff absorbiren auch von diesen Strahlen keine merkliche Quantität; es läſst sich mit Sicherheit angeben, daſs die Temperatur dieser Gase durch directe Absorption nicht um $0{,}01^0$ erhöht wurde. Kohlensäure absorbirte kaum mehr als von den Strahlen des B. Brenners; auch Versuche mit anderen Strahlenquellen führen zu dem Resultat, daſs die Flamme des Brenners verhältniſsmäſsig viel Strahlen aussendet, welche von Kohlensäure absorbirt werden.

Kohlenoxyd und Wasserdampf dagegen wurden durch das glühende Platinblech bedeutend stärker erwärmt als durch die Leuchtgasflamme. Der Drucküberschuſs betrug jetzt bei Kohlenoxyd 32,5 mm Wasser; bei Luft, die bei $5{,}5^0$ resp. bei 22^0 gesättigt war, 5 resp. 15,5 mm Wasser.

Von ganz besonderem Interesse ist nun die Untersuchung des Verhaltens der *Sonnenstrahlen*. Mit Rücksicht auf die oben nachgewiesene Eigenschaft der Kohlensäure und des Wasserdampfes, Strahlen zu absorbiren, läſst sich erwarten, daſs in den Sonnenstrahlen, welche bis zur Erde gelangen, diejenigen nicht enthalten sind, welche in der Atmosphäre durch die beiden genannten Gase verschluckt worden sind; umgekehrt, wenn es gelingt zu zeigen, daſs diese Strahlen in der That nicht mehr vorhanden sind, so ist es sehr wahrscheinlich geworden, dafs die Absorption durch jene Gase in der Atmosphäre bewirkt worden ist. Der Versuch hat nun wirklich ergeben, dafs wenigstens in der jetzigen Jahreszeit diese Strahlen vollständig fehlen. Die abwechselnd mit trockner Kohlensäure, feuchter Luft und feuchter Kohlensäure gefüllte Absorptionsröhre wurde in den Brennpunkt eines Hohlspiegels gebracht, mit der Steinsalzplatte gegen die Spiegelfläche gewendet. Die Menge der in den Apparat einfallenden Strahlen konnte durch Vorsetzen von Diaphragmen mit verschiedener Oeffnung vergröfsert und verkleinert werden. In keinem Fall war die geringste Spur von Absorption zu bemerken, das Gas erwärmte sich lediglich durch Berührung mit der immer wärmer werdenden Hülle. Dasselbe Resultat erhielt ich bei einer Füllung mit Kohlenoxyd, dagegen entstand sofort die charakteristische Absorptionscurve, nachdem Leuchtgas eingeleitet worden war.

Wurden die Sonnenstrahlen im Brennpunkt durch ein Platinblech aufgefangen, welches vor der Steinsalzplatte aufgestellt war, so absorbirten Kohlensäure, Wasserdampf und Kohlenoxyd einen Theil der von dem stark erwärmten Platinblech ausgehenden Strahlen.

Zum Concentriren der Sonnenstrahlen verwendete ich anstatt des Hohlspiegels auch einigemale eine Steinsalzlinse und erhielt im Wesentlichen dieselben Resultate. Ich hoffe die Versuche im Sommer in verschiedener Höhe der Atmosphäre fortsetzen zu können.

Die vierte Strahlenquelle war ein geschwärztes *Metallblech*, welches durch siedendes Wasser auf nahezu 100^0 erwärmt wurde. Es ist blofs Kohlensäure und mit Wasserdampf gesättigte Luft untersucht; bei dem ersten Gase war eine Absorption mit Sicherheit nachzuweisen, dagegen bin ich mit feuchter Luft zu keinem bestimmten Resultat gekommen; die vielleicht vorhandenen Drucküberschüsse sind zu klein, um mit Sicherheit durch das Kymographion angezeigt zu werden.

Einige Versuche wurden mit *Drummond'schem Kalklicht* angestellt, welches durch eine Steinsalzlinse concentrirt wurde. Der Zweck, den ich bei diesen Versuchen verfolgte, war ein ganz specieller; ich wollte nämlich erfahren, in welcher Weise der Ueberschufs der Temperatur eines der Strahlung ausgesetzten absorbirenden Gases, speciell der Kohlensäure, über die Temperatur der Hülle mit der Menge der absorbirten Strahlen zusammenhängt. Legt man das Newton'sche Abkühlungsgesetz zu Grunde, so ist zu erwarten, dafs die Ueberschüsse den absorbirten Wärmemengen proportional sind. Die Versuche wurden in folgender Weise angestellt : Zwischen der Linse und der Absorptionsröhre befand sich die mit Ausschnitten versehene Pappescheibe, welche ich zu den Versuchen über intermittirende Bestrahlung gebraucht habe. Die Oeffnungen der Scheibe sind etwas gröfser als der Querschnitt der Röhre und genau so breit wie die nicht ausgeschnittenen Zwischenräume; steht die Scheibe still und befindet sich eine Oeffnung vor der Absorptionsröhre, so fallen sämmtliche durch die Linse gehenden Strahlen in die Röhre und werden zum Theil durch die darin befindliche Kohlensäure absorbirt. Die bei dieser Stellung in einer gewissen Zeit einfallende Strahlenmenge sei gleich Eins gesetzt, und der durch Absorption entstandene constante Temperaturüberschufs ebenfalls als Einheit gewählt. Wird dann die Scheibe um ihre Axe gedreht, so gelangt in derselben Zeit offenbar nur die halbe Strahlenmenge in die Röhre, und ich fand die Temperaturzunahme in diesem Fall auch $= 1/2$; werden von den sechzehn Oeffnungen acht umschichtig verklebt, so ist die durchgelassene Strahlenmenge $1/4$, der Ueberschufs ergab sich ebenfalls $= 1/4$; nachdem noch weitere vier Oeffnungen verschlossen waren, erhielt ich einen Ueberschufs $= 1/8$ und endlich als nur noch zwei Oeffnungen frei waren, den entsprechenden Ueberschufs $= 1/16$. Die Lage der Druckcurven über der Abscissenaxe ist unabhängig von der Rotationsgeschwindigkeit; bei sehr langsamer Drehung geht die Druckcurve in eine sehr regelmäfsige Sinuscurve über, wie nach der Erklärung, welche ich von den Tönen, die durch intermittirende Bestrahlung von Gasen entstehen, gegeben habe, zu erwarten war.

Soviel mir bekannt ist, wurde dieses Verfahren zur Prüfung des Abkühlungsgesetzes bis jetzt noch nicht angewendet; ebenso habe ich nirgends eine Angabe darüber gefunden, dafs man auf diesem Wege in einfacher und sicherer Weise auch Thermomultiplicatoren calibriren könnte.

c. **Einflufs von Gasschichten, welche sich zwischen der Strahlenquelle und der Absorptionsröhre befinden.**

Gehen die Strahlen, bevor sie in die Röhre gelangen, durch ein absorbirendes Gas, so wird ein Theil derselben aufserhalb der Röhre zurückgehalten werden. Es schien mir von Interesse zu sein, einige Versuche in dieser Richtung anzustellen. Zu diesem Zweck wurde die Absorptionsröhre so weit von dem Bunsen'schen Brenner entfernt, dafs eine zweite gleich weite, 20 cm lange, innen hoch polirte Messingröhre eingeschaltet werden konnte. Diese Röhre ist auf der gegen die Flamme gekehrten Seite durch eine Steinsalzplatte verschlossen und auf der anderen Seite mit einem Kautschukring versehen, durch welchen eine genügend luftdichte Verbindung mit der Absorptionsröhre hergestellt wurde.

Im Folgenden ist nun angegeben, um wie viel die Absorption in der kurzen (Absorptions-)Röhre abnahm, wenn in der längeren vorgesetzten Röhre die trockene kohlensäurefreie Luft durch ein anderes Gas ersetzt wurde.

Füllung der kurzen Röhre mit trockener Kohlensäure; die vorgesetzte Röhre ebenfalls mit trockener Kohlensäure gefüllt. Die Absorption war um 91 Proc. verringert.

Füllung der kurzen Röhre wie oben, die vorgesetzte Röhre mit trockenem Kohlenoxyd gefüllt; die Absorption war um 11 Proc. geringer.

Füllung der kurzen Röhre wie oben, in der vorgesetzten Röhre befand sich Leuchtgas; die Absorption war um 21 Proc. geringer.

Füllung der kurzen Röhre mit trockenem Kohlenoxyd; die vorgesetzte Röhre ebenfalls mit trockenem Kohlenoxyd gefüllt. Die Absorption war um 84 Proc. geringer.

Füllung der kurzen Röhre wie vorhin; die vorgesetzte

Röhre enthielt trockene Kohlensäure. Abnahme der Absorption : 20 Proc.

Füllung der kurzen Röhre wie vorhin; die vorgesetzte Röhre enthielt Leuchtgas, die Absorption war um 23 Proc. kleiner.

Füllung der kurzen Röhre mit kohlensäurefreier, bei 20^0 gesättigter Luft; in der vorgesetzten Röhre befand sich trockene Kohlensäure. Die Absorption war um 15 Proc. verringert.

Das letzte Resultat wurde auch erhalten, wenn anstatt des Bunsen'schen Brenners ein glühendes Platinblech die Strahlung bewirkte. Indem ich hoffte, einen festen Körper zu finden, der für Strahlen, welche von Kohlensäure absorbirt werden, ebenso diatherman ist wie Steinsalz, prüfte ich mit Hülfe der mit Kohlensäure gefüllten Röhre verschiedene Substanzen und fand, dafs Alaun, Gyps, Quarz, Glas und Kalkspath jene Strahlen in beträchtlicher Menge absorbiren; dagegen Flufsspath, eine Membran aus braunem Kautschuk und eine Seifenlamelle wenig; so diatherman wie Steinsalz erwies sich aber keine von mir untersuchte Substanz.

d. Einflufs der Länge und der Substanz der Absorptionsröhre.

Wurde die 7 cm lange Absorptionsröhre durch eine gleich weite, 20 cm lange ersetzt, so war die Erscheinung im wesentlichen dieselbe. Die Druckänderung war etwas kleiner, was aus dem unter c mitgetheilten Verhalten der Gase erklärlich ist. Eine gleich weite, 20 cm lange Glasröhre an die Stelle der Messingröhre gebracht, gab das erwartete Resultat, dafs die Absorption der Gase unter sonst gleichen Umständen geringer ausfiel; das Glas absorbirt selbst mehr Strahlen und reflectirt weniger als Messing.

Schliefslich sei noch bemerkt, dafs das Verhalten der Gase im Wesentlichen dasselbe blieb, wenn der Abstand der Strahlenquellen von der Absorptionsröhre verkleinert oder vergröfsert wurde.

Nachschrift. — Die Resultate der oben besprochenen Untersuchung wurden in der Sitzung der Oberh. Gesellsch. f. Natur- u. Heilkunde vom 16. Febr. d. J. mitgetheilt; am 19. Febr. erhielt ich von Prof. Tyndall einen Separatabzug seiner Abhandlung über die Wirkung einer intermittirenden Bestrahlung auf Gase zugesendet; aus derselben habe ich mit grofsem Interesse zunächst erfahren, dafs Hr. T. auf Grund einer grofsen Zahl von Beobachtungen zu derselben Erklärung von dem Entstehen eines Tones gelangt ist, welche ich in meiner früheren Notiz über diesen Gegenstand gegeben habe; zweitens ersehe ich aus derselben, dafs Hr. T. den ähnlichen Weg zu betreten gedenkt, auf welchem die in der obenstehenden Mittheilung enthaltenen Resultate erreicht wurden. In einer demnächst erscheinenden, mehr ausführlichen Abhandlung werde ich die Gründe angeben, weshalb ich es vorgezogen habe, die Absorption der Gase bei constant bleibender Bestrahlung zu untersuchen, anstatt wie am Schlufs meiner vorigen Mittheilung gesagt wurde, dazu eine intermittirende Bestrahlung zu benutzen.

Giefsen, 23. Februar 1881.

V.
Nachträge zur Flora des Mittelrhein-Gebietes.

Von Prof. H. Hoffmann.

Fortsetzung *).

Chenopodium urbicum.

Schwedensäule 32. Ludwigshöhe bei Oppenheim 32. Kammerhof 32. Pfiffligheim 38. Pfeddersheim 38. Monsheim 38. Bosenheim 30. Baumgarten bei Giefsen 12. H. — Laubach 12, Grüningen 12, Butzbach 19 (Hey. R. 316). Marburg 5 (Wender.*). Mainz 31 bis Worms 39, Oppenheim 32, Einsiedel bei Darmstadt 33, Dornheimer Viehweide 32, Virnheim 46, Mannheim 46, Schwetzingen 46, Grüningen 12, Butzbach 19, Kloppenheim 26, Ruppertsburg bei Laubach 12, Fränk. Crumbach 40 (D. u. S. 204). — Pfalz: Rheinfläche Forst 45, Dörfer um Oppenheim 32, Mainz 31, Kreuznach 30 (Schlz. S. 384; var. *intermedium* auch bei Brühl 46, Kaiserslautern 44. Dürkheim 45, Heidelberg 46 (Poll. 1863, 214). Nicht im preufsischem Gebietstheile (Wirtg. Fl. 1857, 389). Fehlt am (preufs.) Mittelrhein (Wirtg. Reisefl.). (Löhr. En. 1852, 569 giebt einige Standorte an, die danach irrig wären). Weilbach 25, Weilburg 10 (Fuck. Fl.).

Hiernach im niedersten mittleren Rheinthal und in den Seitenthälern stellenweise etwas aufwärts (Wetter. 19, 12 u. s. w.). (Hauptzugstrafse.)

.	.	.	.	5	.	.
.	.	10	.	12	.	.
.	.	.	.	19	.	.
.	.	.	25	26	.	.
.	30	31	32	33	.	.
.	.	38	39	40	.	.
43	44	45	46	.	.	.

---

*) cf. 19. Bericht der Oberh. Ges. f. Natur- u. Heilkunde. 1880.

Chenopodium Vulvaria.

Gießen 12 : auf dem Brand. Griesheim 25. Winningen 15. Bieber 11 : Kalköfen. Alsenz 37. Obermoschel 37. H. — Nauheim 19, Friedberg 19, Hungen 12 (Hey. R. 315). Rödelheim 25 (n. C. Reuſs). — Pfalz : an vielen Orten, fehlt auf höheren Gebirgen (Poll. 1863, 215). Nahe und Seitenthäler 30, 29; Dalburg 30 (Wirtg.*). Rheinpreuſsen (Wirtg. Fl.). Nassau : Main- u. Rheinthal 24, 23, 16, Herborn 4, Diez 17, Wetzlar 11 (Fuck. Fl.). Marburg 5 (Wender.*). Linz, Sinzig 8 (Hildb.*). Büdingen 20 (Thylmann, V. s.). Mainz 31 (n. V. Reichenau).

			4	5		
8			11	12		
15	16	17		19	20	
	23	24	25			
29	30	31				
	37					

Hiernach nur am Mittelrhein und aufwärts an einigen Nebenflüssen (an der Lahn und Dill bis Herborn 4).

Cnlora perfoliata.

Erfelden 32. H. — Mainz 31, Ried : zwischen Bensheimer Hof und Schwedensäule 32, zw. Hernsheim u. Osthofen 38, Gimbsheim 32 südöstl. von Oppenheim (D. u. Scr. S. 297). — Pfalz : Rheinfläche bei Speyer 46, Mannheim 46, Neckarau 46, Oppau 46, Frankenthal 46, stellenweise bis Mainz 38, 39, 32, 31, westlich bis Maxdorf 45, Ellerstadt 45, Erpolzheim 45, Dürkheim 45, Ruppertsberg 45 (Schlz. S. 300). Früher bei Muſsbach 45; Eppstein 45, (Poll. 1863, 183). Rheinpreuſsen : *zuweilen im Rheinkies* (Wirtg. Fl.). Fehlt in Nassau (Fuck. Fl.). — Form serotina bei Boppard 16, Mainz 31, Neuwied 8 (Bach).

8						
	16					
		31	32			
		38	39			
		45	46			

Hiernach nur in der niedersten Rheinfläche der Pfalz und sporadisch mit dem Rheine abwärts, nicht aufwärts in die gröſseren Seitenthäler Ueberschwemmungsgebiet des heutigen Rheinstroms. Stammt wohl aus der Schweiz, und zwar aus neuerer Zeit, und steigt auch südwärts in die lombardische Fläche hinab.

Chondrilla juncea und latifolia.

Arealkarte : Oberh. Ges. Ber. 13 (1869). T. 2.

Neue Standorte.

Niedermendig 15. H. — Heldenbergen 26, Burggräfenrod 19 (Hörle). v. s. — Im Ried 32 (n. Reifsig). Starkenburg und Rheinhessen gemein,

Mainthal von Mainz bis Seligenstadt : 25, 26 (junc.) ; latif. : Darmstadt 32, Gräfenhausen 32, Wixhausen 32, Mainz bis Bingen 24, 30 (D. u. Scr. S. 272). Fulda 14 (Lieblein*). Zwischen Bonn und Siegburg 1 (Hildbd.*).

Durch die Angabe 14 wird eine locale Aenderung des früheren Arealbildes bedingt. — Geht durch Süd- und Mittel-Europa nach Mittelasien.

Chrysanthemum corymbosum (Tanacetum c. Sz.).

Giefsen 12 : Lindener Mark, Hangelstein, Lollarer Koppe. Hausberg 18. Altenberg 11. Krofdorfer Wald 11. Kalkhügel bei Oberkleen 11, Mühlberg bei Niederkleen 11. Arnsburg 12. N. von Dorfgill 12. Ziegenberg 18. Weilmünster 18. Boos 30. H. — Kaichen 19 (Hörle*). Melibocus 39 (n. Bauer). Rofsdorf 33 (n. Wagner). Zwingenberg 39; Ober-Ingelheim 31 (n. Reifsig). Rossert 25 (n. Wendland). Odenwald 40 : häufig, Rheinhessen 31 : ebenso (D. u. Scr. S. 247). Oberwald 13 (Heyer*). Weddenberg bei Giefsen 11, Pohlheimer und Grüninger Wald 12, Königsberg 11, Hohensolms 11, Nauheim 19, Assenheim 19 (Hey. u. Rssm. S. 213).

				5		
8	.	.	11	12	13	.
15	.	.	18	19	.	.
.	.	.	25	26	.	.
.	30	31	.	33	.	.
36	37	.	39	.	.	.
.	44	45	46	.	.	.

Kreuznach 30 : Salinenwald (nach Polstorf). — Pfalz : Rheinufer bei Speyer 46, Nackenheim 31, Bodenheim 31; Tertiärkalk von Landau : unter 45, über Gimmeldingen 45 u. Königsbach 45 bei Neustadt, Deidesheim 45, Forst 45, Wachenheim 45, Dürkheim 45, stellenweise bis Mainz 31 u. Bingen 30; Frögenthal zw. Annweiler u. Elmstein 44, Steinbach am Donnersberg 37; Oberstein 36, Meisenheim 37, Niederalben 36, Erzweiler 36, Heidelberg 46 (Schlz. S. 239). Wald-Leiningen 44 (Böhmer*). Gebirgiger Theil von Rheinpreufsen (Wirtg. R. F.). Coblenz 15, Neuwied 8, Frankfurt 26 (Löhr. En.). Nassau : stellenweise durch das ganze Gebiet (Fuck. Fl.). Amöneburg 5 (Wenderoth*). Laacher See 15 (Blenke.).

Hiernach stellenweise durch die Gebirge, hier und da bis in die niedersten Lagen hinabsteigend 30, 8.

Chrysenthemum Parthenium (Tanacetum P. Sz.).

Hangelstein bei Giefsen 12, Staufenberg 12, Atzbach 11, Friedberg 19 u. s. w. (Hey. R. 213). Rohrbach bei Landau (unter 45). Winterkasten 40 : Mauern. Ober-Besenbach 34 : Mauer. Aschaffenburg 34

Schlofsmauer. Kalkofen 16. Frauenburg bei Oberstein 36 : Ruine! (1862). Marienborn bei Siegen 3. H. — Spessart 34 (Behlen*). — Pfalz : wahrscheinlich Verwildert; Gimmeldingen 45, Neckarau 46, Ladenburg 46, Kreuznach 30, Meisenheim 37, Moorlautern 44, Zweibrücken 43 (Schlz. S. 239). Rheingegend (Löhr En.). Nassau : Hinterlands*wald* bei Oestrich 24; im übrigen Gebiet verwildert (Fuck. Fl.). Marburg 5, Hanau 26 (Wender. Fl.). Drachenfels 8 (Hildbd.*). Ober-Olmer Wald 31 (n. v. Reichenau).

			3		5		
					12		
	16				19		
		24		26			
	30	31			34		
36	37			40			
43	44	45	46				

Hiernach ganz regellos zerstreut und wohl nur Verwildert.

Chrysanthemum segetum (Xanthophtalmum s. Sz.).

Arealkarte : Oberhess. Ges. Ber. 12 (1867).

Nachträge.

Südwestl. von Dillenburg 3. Günterod 4. Nieder-Scheld 4. Effolderbach 19, Selters 20, am Glauberg 19 (n. Heldmann). Einmal bei Grofs-Auheim 26 (n. Theobald). Lengfeld und Habitzheim 33 (D. u. Scr. S. 246). Häufig bei Driedorf 10, Mademühlen 10, Münchhausen 10, Haiern 10, Rodenberg 10 (n. W. Strippel). S. v. Kaiserslautern 44 (Böhmer*).

Hierdurch wird keine Aenderung des früheren Arealbildes veranlafst. — Geht durch fast ganz Europa bis Finnland und zum Caucasus.

Chrysosplenium oppositifolium.

Eichelhain 13. An der Loor und bei Dahlberg 2 Stunden westl. von Kreuznach 30 (nach Polstorf). Hatzfeld (über 4). Nisterbrücke bei Hachenburg östl. 9. H. — (Hey. R. 153).

Kalte Eiche bei Wetzlar 11 (nach Lambert). Rofsdorf 33 (n. Wagner). Darmstadt 32 : am Kirchbergteiche (n. Reifsig). Odenwald 40, Bergstrafse 39, Oppermanns-Wiesen-Schneifse am Ursprung des Darm 33, Oberwald 13 (D. u. Scr. S. 395). — Pfalz : auf dem Buntsandstein u. auf der ganzen Vogesen-Sandstein-Formation (Schlz. S.173). Waldmohr 43 (Koch*). Dansenberger Weiher 44 (Trutzer*). Nassau : im ganzen Gebiet (Fuck. Fl.). Marburg 5 (Wender. Fl. 126). Büdingen 20 (Thylmann, v. s.).

			4		5		
	9		11		13		
					20		
	30		32	33			
			39	40			
43	44						

(unvollständig)

Hiernach wohl nur im höheren und mittleren Gebirge zerstreut durch das Gebiet.

Cicuta virosa.

Giefsen 12 : einzeln am Philosophenwald und Fürstenbrunnen. H. — Südwestl. bei Wolfshausen 5 (C. Chelius) v. s. Marburg 5 (Wender.*). Fronhausen 5 : Eisenbahnstation (W. Weifs). Frankfurt 26 (n. Lehmann). Nidda, Horloff, Wetter 19, besonders zwischen Echzell und Gettenau 19 (n. Heldmann). Hanau 26, Rückingen 26 (n. Theobald). Altrhein 32, angeblich bei Trebur 32 (n. Reifsig). Ried 32, Worms 39 längs dem Rhein, Mannheim 46 bis Bingen 31, 24, 30; Giefsen : Altlahn 11, Laubach 12 (D. u. Scr. S. 374; Hey. R. 453). — Pfalz : Rheinfläche fast überall, z. B. Speyer 46, Oggersheim 46, Sanddorf 39, Hamm 39, Eich 39; Kaiserslautern 44, Zweibrücken 43 (Schlz. S. 176). Dierdorf 9 (Wirtgen Fl.). Wetzlar 11 : gegen Girmes, Flörsheim 25 (Fuck. Fl.). Heusenstamm 26 (Rufs*).

				5		
.	9	.	11	12	.	.
.	.	.	.	19	.	.
.	.	24	25	26	.	.
.	30	31	32	.	.	.
.	.	.	39	.	.	.
43	44	.	46	.	.	.

Hiernach überwiegend in der Rheinniederung, stellenweise in den Seitenthälern weit aufwärts : Lahn 12, 5; Blies 43. (Hauptzuglinie).

Cineraria spathulaefolia Gmel. (integrifolia; Senecio sp. DC.).

Giefsen : Lindener Mark. H. — Stromberger Wald und Elisenhöhe bei Bingen 30 (n. Polstorf). Wonsheim 37 : Wald Chorwinkel (n. Weinsheimer). N. von Annerod (n. C. Eckhard). Ziegenberg 18 : gegen Obermörlen (n. Th. Müller). Im Finsterloh bei Wetzlar : auf der östl. Seite der Chaussée beim Stein 0, 68; Bilstein bei Nauborn 11 (n. Lambert). Fernewald östl. von Giefsen 12 (Mettenheimer 1853) : zw. Kinzenbach u. Waldgirmes (Hey. R. 215). Ameisenkopf zw. Annerod u. Oppenrod. Weinheim 46, Kinzenbach 11, Hermannsteiner Wald 11, Frei-Laubersheim 37, Neu-Bamberg 37 (D. u. Scr. S. 248). — Pfalz : zw. Heidelberg 46 u. Weinheim 46; Meisenheim 37, Kreuznach 30, zw. Kirnbecherbach und Rathsweiler 36, Niederalben 36, Grünbach 36, Geisberg bei Kusel 43 (Schlz. S. 241). Forst 45, Steinalbthal 36, Mosbach 48 (Poll. 1863, 164). Coblenz 15, durch ganz Rheinpreufsen (Wirtgen Fl.). Baumholder 36, Winningen 15, vulcanische Gebirge

.	.	.	.	.	.	.
8	.	.	11	12	.	.
15	.	.	18	.	.	.
.	.	.	.	.	.	.
.	30	31	.	.	.	.
36	37	.	.	.	.	.
43	.	45	46	.	48	.

(unvollständig)

des Mayenfeldes. 15 bis zum Ahrthal 8 (Löhr En.). Nassau: stellenweise, an Vielen Orten fehlend (Fuck. Fl.). Gaualgesheim 31 (Fuck.*).

Hiernach in niederen und mittleren Lagen regellos anscheinend durch einen grofsen Theil des Gebietes zerstreut.

Circaea alpina.

Schwanheimer Bruch hinter Niederrad 25 (n. Wolf u. Seiffermann). Marburg 5 (Wender.*). Dietzhölze bei Rittershausen 4, Platte bei Wiesbaden 24 (Vogel*). Büdingen 20 (C. Hoffmann, v. s.). Oberwald bei Herchenhain 13, Taufstein 13, Heusenstamm 26, Schlichterwald bei Mörfelden 25 (D. u. Scr. S. 497; Hey. R. 136). — Pfalz: Trippstadt 44, zw. Zweibrücken 43 und Saarbrücken (Schlz. S. 157). Kaiserslautern 44 mehrfach (Schlz.*). Montabaurer Höhe 16, zw. Grenzau u. Kaan 9, Alteck bei Neuwied (Wirtg. Fl.). Dillenburg 3, Nister 2, zw. Grenzhausen u. Isenburg 9, Langenbach 10, Breitscheid ä, Taunus 25 (Fuck. Fl.). Hanau 26, Nied-Mittlau 27 (Rufs*). Altenkirchen 2 (Bach). Am Ausflufs der Sieg 1 (Hildbd.).

1	2	3	4	5	.	.
8	9	10	.	.	13	.
.	16	.	.	.	20	.
.	.	24	25	26	27	.
.	.	.	.	.	.	.
.	.	.	.	.	.	.
.	44	.	.	.	.	.

Hiernach sehr zerstreut im Gebirge, isolirt in den Sümpfen bei Frankfurt 26 und Zweibrücken 43.

Circaea intermedia.

Nassau 16. H. — Marburg 5 (Wender.*). Oberwald 13: Taufstein (n. A. Purpus u. W. Scriba). Zwischen Webern u. Lützelbach 40, Neunkircher Höhe 40, Auerbacher Schlofsberg 39, Vogelsberg bei Herchenhain 13, Wächtersbach 27, Frankfurter Forsthaus 25, Hohensolms 11, Laubach 12 (D. u. Scr. S. 497; Hey. R. 136). — Pfalz: Zweibrücken: 43 Schlangenhöhle, zw. Baumholder und Glan 36: z. B. Grünbach, Erzweiler, Niederalben (Schlz. S. 156). Kusel 43 (Schlz.*). Alteck bei Neuwied 8 (Wirtg. Fl.). Coblenz 15 (Löhr En.). Dillenburg 3, Herborn 4, Weilmünster: Zainhammer 18, Taunus 25 (Fuckel Fl.).

.	.	3	4	5	.	.
8	.	.	11	12	13	.
15	16	.	18	.	.	.
.	.	.	25	.	27	.
.	.	.	.	.	.	.
36	.	.	39	40	.	.
43	.	.	.	.	.	.

Hiernach ganz zerstreut durch die Gebirge; isolirt auch in der Niederung 25.

Circaea lutetiana.

Giefsen 12 : Stolzemorgen, Forstgarten, Klosterbrunnen, Lollarer Koppe. Krofdorfer Wald 11. Dorfgill 12. W. vor Lich 12. Neuhof 12. Nordwestl. von Holzheim 12. Schlichter bei Mörfelden 32. Hungen 12. Friedrichshütte bei Laubach 12. H. Oberstes Lahnthal 3 (H. Tiemann*). Kreuznach 30 (n. Polstorf). Glauberg 19. Neunkirchen 40. Alsbacher Schlofs 39. Engelthal 19. Schmerlenbach 34 : flore *roseo*. Oestl. von Annerod 12. Südöstl. von Albach 12. Nieder-Breitbach 8. H. (Hey. R. 136). Oberwald 13 : Landgrafenbrunnen (n. A. Purpus u. W. Scriba). Kaichen 19 (Hörle*). Ramholz 21 (nach C. Reufs). Rofsdorf 33 (n. Wagner). Soden 25 (n. Wendland). — Pfalz : fast überall (Schlz. S. 156). Büdingen 20 (n. C. Hoffmann).

.	.	3	.	.	.	.
8	.	.	11	12	13	.
.	.	.	.	19	20	21
.	.	.	25	.	.	.
.	30	.	32	33	34	.
.	.	.	39	40	.	.
.	.	.	.	.	.	.

(unvollständig)

Aehnliche Angaben ohne specielle Ortsbezeichnung bei Wirtgen, Löhr, Fuckel.

Scheint durch das ganze Gebiet verbreitet, namentlich in Gebirgen. — Geht bis Schottland, Finland, Altai; ferner Nord-Amerika. (Haftende Früchte.)

Cirsium acaule.

Giefsen 12. Sieben Hügel 11 (cum var. caulesc.) : Basalt, Badenburg 12. Lützelberg 12. Hohe Sonne 12. Neuhof 12. Bubenrod 11. Steinbach 12. Ulrichstein 13. Buchen 48. Bieber 26. Nieder-Seemen 20. AltenVers 4. KirchVers 4. Frankenbach 11. Hohensolms 11 (Grünstein nach v. Klipstein). Obermühle im Bieberthal 11. Fellingshausen 11. Garbenteich 12. Annerod 12. Gladenbach 4. Holzhausen 4. Ober- u. Nieder-Eisenhausen 4. Freienseen 12. Oberstein 36. Ensweiler 36. Mornshausen 4. Monsheim 38. Armshain 6. Rimbach 7. Altenschlirf 14. Schlechtenwegen 14. Crainfeld 21. Niedermoos 21. Holzmühl 21. Ahl 27. Breunings 21. Lengfurt 42. Rettersheim 42 : auf Kalk u. Mergelschiefer. Vockenroth 42. Oedengesäfs 42. Steinbach 42. Buchen 48. Wirberg 12. H. — (Hey. R. 219).

.	.	3	4	5	6	7
8	.	.	11	12	13	14
15	.	.	18	19	20	21
.	.	24	25	26	27	.
.	30	31	32	.	.	.
36	37	38	39	40	.	42
43	.	45	46	.	48	.

Ramholz 21 (n. C. Reufs). Nieder-Weidbach 4 (n. F. H. Snell). Im Tannenwalde bei Mombach 24 : gemein (n. Reifsig). Darmstadt 32, längs der Bergstrafse 39, durch den

Odenwald 40, Rheinhessen 31 (D. u. Scr. S. 257). — Pfalz : Rheinfläche bei Speyer 46, Maxdorf 45, Eppstein 45, zw. Laumersheim 38 u. Frankenthal 46, stellenweise bis Mainz 31 und Bingen 30, Kalkhügel bei Dürkheim 45, Mainz 31, Kreuznach 30, Meisenheim 37, Zweibrücken 43, Käferthal 46, Heidelberg 46 (Schlz. S. 248). Wachenheim 45, Heidelberg 46, Mosbach 48 (Poll. 1863, 167). Auf *Löfs* bei Cobern 15, Ochtendung 15, Mayen 15 (Wirtg. Fl.). Amt Dillenburg und Herborn 3, 4, Karlsmund bei Wetzlar 11, Weilmünster 18, Wallau 25, Diedenbergen 25, Wiesbaden 24 : bei der Leichtweifshöhle, Reichelsheim 19 (Fuck. Fl.). Marburg 5, Fulda 14, Hanau 26 (Wender. Fl.). Olbrück 8, Wolfersthal 15 (Nette), Cobern 15 (Blenke*).

Hiernach durch alle Regionen wahrscheinlich des ganzen Gebietes verbreitet auf verschiedenster Unterlage.

Cirsium bulbosum N. (tuberos. A.).

Wolfskehlen 32. W. v. Rödelheim 25. H. — Darmstadt 32 (n. Wagner). Zahlbach, Gonsenheim 31 (n. Reifsig). Durch Rheinhessen 31, 38 u. die Riedgegend 32, seltener im Odenwald 40, Kranichstein nach der Dianaburg 32, Offenbach 26, Frankfurt 26, Wiesbaden 24, Eberstadt 12, Kirchgöns 11, Griedel 19, Steinfurt 19, Assenheim 19, Blofeld 19, Reichelsheim 19, Heuchelheim 19 (D. u. Scr S. 257). Ossenheim 19, Vilbel 26 (Hey. R. 220). — Pfalz : Rheinfläche bei Speyer 46, Iggelheim 45. Deidesheim 45, Ellerstadt 45, Dürkheim 45, Maxdorf 45, Eppstein 45, Hefsheim 38, stellenweise bis Mainz 31 und Bingen 24, 30; Ried 32, St. Ilgen 46, Wiesloch 46, Annweiler : unter 44, Edenkoben 45; Nieder-Olm 31, Donnersberg 37, Kreuznach 30 (Schlz. S. 248). Ockenheimer Hörnchen und Algesheimer Berg bei Bingen 30 (Wirtg. Fl). Nassau : nur im Rheinthal von Wiesbaden 24 bis Rüdesheim 30 (Fuck. Fl.). Hanau 26 (Wender. Fl.).

.	.	.	.	.	.
.	.	11	12	.	.
.	.	.	19	.	.
.	.	24	25	26	.
.	30	31	32	.	.
.	37	38	.	40	.
.	44	45	46	.	.

Hiernach in der niederen Region des mittleren Rheins u. der Nebenflüsse (Main), ausnahmsweise im Gebirge : Donnersberg 37.

Cirsium eriophorum.

Erfelden 32. Kammerhof am Rheinufer 32. H. — Lorsch 39 (nach Reifsig). Worms bis Mainz 39, 32, 31; Ried 32 : Leeheim, Geinsheim, Griesheim, Grofs-Gerau, Wallerstädten; Mainufer bei Frankfurt 26, Hanau 26, Philippsruhe 26, Niederwiesen 37 (D. u. Scr. S. 254). — Pfalz :

Rheinfläche bei Speyer 46, Mundenheim 46, Ludwigshafen 46, Oggersheim 46, Laumersheim 38, Edigheim 46, Frankenthal 46, Mörsch 46, Roxheim 39, stellenweise bis Mainz 31: Neckarau 46, Mannheim 46, Ladenburg 46, Neckarhausen 46, Edingen 46, Bruchhausen 46 (Schlz. S. 246). Böhl 45, Alzey 38 (Poll. 1863, 165). Ockenheimer Hörnchen bei Bingen 30, Rheinufer unterhalb Bingen zuweilen sporadisch 23 (Wirtg. Fl.). Nassau an der Lahn 16 (Löhr En.). Okriftel 25, Wallau 25 (Fuck. Fl.).

.	.	,	.	.	.	.
.	.	.	.	.	.	.
.	16	.	.	.	.	.
.	23	.	25	26	.	.
.	30	31	32	.	.	.
.	37	38	39	.	.	.
.	.	45	46	.	.	.

Hiernach nur im niedersten und mittleren Niveau des Rheinthals und seiner Nebenthäler oberhalb Coblenz.

Cirsium heterophyllum All. (canum Hld.).

Oberwald 13 : am Geiselstein, Damm des kleinen Forellen-Weihers (nach Heldmann in lit. 1851); bis zum Haferacker, an der Ellenbach (Heldm.*). v. s. (Hey. R. 220).

Sonst Schweiz, Ober-Baden, Thüringen u. s. w.

Clematis Vitalba.

Giefsen 12 : Schiffenberg. Sieben Hügel 11 u. sonst. Torf südwestl. von Bickenbach 39. Schlofsberg bei Oppenheim 31. Rehbachthal 31. Darmstadt 32 (3 Brunnen, Rücksbrünnchen). Königsberg, Obermühle 11. Ibener Hof 37. Rheingrafenstein 30. Wiesbaden 24. Glauberg 19. Klein-Karben 26. Madenburg : unter 45. Breitendiel 41. Eberbach 47. Hirschhorn 47. Nieder-Modau 33. Ober-Hörgern 12. Südwestl. v. Ziegenberg 18. Burg-Schwalbach 17. Hohenfels bei Katzenellenbogen 17. Wisperthal unterhalb Gerolstein 23. Bingen 30. Alt-Wied 8. H. — Ulrichstein 13 (Fink*). Kaichen 19 (Hörle*). Ramholz 21 (n. C. Reufs). Rofsdorf 33 (n. Wagner). Auerbacher Thal 39 (n. Reifsig). Worms 38 (n. Rofsmann). Fehlt um Kaiserslautern 44 u. von da südl. durch

1	.	,	.	5	.	.
8	.	10	11	12	13	14
15	.	17	18	19	.	21
.	23	24	.	26	.	.
.	30	31	32	33	.	.
.	37	38	39	.	41	.
.	.	45	.	47	.	.

(unvollständig)

die kälteren Striche des Vogesen-Sandsteingebirges (Schultz*). Nassau stellenweise (Fuck. Fl.). (S. auch Hey. R. 2). Hochstadt, Bieber 26 (Rufs*).

Mehrenberg 10, Coblenz 15 (Wirtg.*). Marburg 5, Fulda 14 (Wender. Fl.). Siebengebirg 1 (Hildbd.).

Hiernach scheint die Pflanze fast durch das ganze Gebiet verbreitet zu sein. (Fliegende Samen.)

Cochlearia Armoracia (Nasturtium Arm. Sz.).

Giefsen 12 : Hefslar, Lahnufer (c. flor.). Nidda 20 : Bahnhof (ebenso). Rödelheim 25 : Nidda-Ufer (ebenso). H.

Colchicum autumnale.

Giefsen 12 : überall auf Wiesen. Laubach 12. Königsberg 11. Rödelheim 25. Frankfurt 26. Kirschgarten (über 5). Biedenkopf (über 4). Dillenburg 4. Oberscheld 4. Rüdingshain 13. Oberwald 13. Breungeshain 13. Nieder-Seemen 20. Büdingen 20. Berstadt 19. Südwestl. von Ernstthal 48. Nordöstl. von Laubach 13. Ober-Reifenberg am Feldberg 25. Kempten 30. Rheinböllen 23. Winneberger Hof bei Ensweiler 36. Schlechtenwegen 14. Crainfeld 21. Partenstein 35. Hafenlohr 95. Oedengesäfs 42. Steinfurt 42. Höpfingen 41. Buchen 48. Dallau 48. Oberwald 13. Allmerod 13. Frankeneck 45. Möttau 11. Hunstall 18. Göllheim 38. Südwestlich von Gedern 20. H. — Ramholz 21 (n. C. Reufs). Kaichen 19 (Hörle*). Rofsdorf 33 (n. Wagner). Kronberg 25 (n. Wendland). — Pfalz : fast überall gemein, fehlt jedoch längs der Wasserscheide des Vogesen-Sandsteingebirges 44 (Schlz. Fl. 1846, S. 475). Überall (id. in Poll. 1863. 248). Nassau gemein (Fuck. Fl.). Rheinpreufsen häufig (Wirtg. Fl.). Siegen 3 (Engstfeld*). Mainz 31 (nach v. Reichenau).

.	.	3	4	(5)	.	.
.	.	.	11	12	13	14
.	.	.	18	19	20	21
.	23	.	25	26	.	.
.	30	31	.	33	.	35
36	.	38	.	.	41	42
.	.	45	.	.	48	.

(unvollständig)

Scheint hiernach durch das ganze Gebiet verbreitet zu sein. Gesammtgebiet : Europa centralis, occidentalis et meridionalis, Mauritania, Algeria (Baker).

Collomia grandiflora (ochrol. s.).

Stammt aus dem westlichen Nordamerica : Columbiaflufs (Decand. Prodr. IX, 308). Verwildert am Kellenbach unter Dhaun 29 : im Flufsgeröll. Oestlich von Martinstein 29 : am Chausséerain. H. — Rainrod 20 (n. A. Purpus u. W. Scriba 1877). Kies am Ufer der Nahe bei Kreuznach 30, und auf der Insel des Mäusethurmes bei Bingerbrück 30

(n. L. Gailloud 1874). v. s. Bingen am Rhein 30, an der Nahe bis Kreuznach 30 (D. u. Scr. S. 330). Wahrscheinlich mit der nun nicht mehr gebauten Madia sativa aus America eingebracht (Schultz* 1863). Monzingen 29, Sobernheim 30, Staudernheim 30 seit 1855, nach Wirtgen der die Einschleppung mit Madia bezweifelt (Poll. 1866, 93). Vorübergehend in St. Goar 23 (C. Noll). In der Rheingegend zuerst beobachtet in der Roer bei Düren 1854 (Benrath*), 1856 in der Ahr (Caspary*, Hildebrand*), 1859 Nahe bei Kirn 29 bis Bingen (Wirtg.* u. F. Schultz*). Bingen bis St. Goar 23 (Wirtg.*; cf. Verb. preufs. Rhld. 26, 71). Elberfeld (Fuhlrott*). Prüm (Göbel*). Kellberg in der Eifel, Andernach 8 (Wirtg.*). Boppard 16 (Bach*). Netter Hammer 15 (Blenke*).

.	.	.	.	.	.	.
8	.	.	.	.	.	.
15	16	.	.	20	.	.
.	23	.	.	.	.	.
29	30	.	.	.	.	.
.	.	.	.	.	.	.
.	.	.	.	.	.	.

Comarum palustre.

Giefsen 12 : einzeln am Philosophenwald. Sickendorf 13. Herbstein 13. Hengster 26. Oberwald 13 : Goldwiese. H. — Bilstein 13 (n. Heldm.; Hey. R. 116). Entensee bei Offenbach, Heusenstamm 26 (n. Lehm.) Hanau 26 (n. Theob.). Westerwald 3 (Vogel*). Ilsethal 3 (H. Tiemann*). Ried 32 : Griesheim, Dornheim; Rheinhessen, Neunkircher Höhe 40, Frankfurt 26, Harreshausen 33, Laubacher Wald 12 (D. u. Scr. S. 518). — Pfalz: fast überall gemein (Schlz. S. 137). Kaiserslautern 44 (Trutzer*). Westerwald 9, 10; Schwanheimer Wald 25, Alt-Weilnau 18, Montabaur 16, Silberbach bei Wehen 24 (Fuck. Fl.). Rheinpreufsen (Wirtg. Fl.). Marburg 5 (Wender.*). Siegburg 1 (Hldb.).

1	.	3	.	5	.	.
.	9	10	.	12	13	.
.	16	.	18	.	.	.
.	.	24	25	26	.	.
.	.	.	32	33	.	.
.	.	.	.	40	.	.
.	44	.	.	.	.	.

(unvollständig)

Hiernach zerstreut, wahrscheinlich durch das ganze Gebiet.

Conium maculatum.

Giefsen : Krofdorfer Mühle 11. H. — Garbenteich an der Mühle 12 (Geiger u. Schwager). Wisselsheim 19. Leihgestern 12. Schlofsberg bei Oppenheim 31. Wonsheim 38. Ibener Hof 37. Kreuznach 30. Otzberg 33. Goldstein bei Höchst 25. Herborn südwestl. 10. Dillenburg 3. Oberscheld 4. Fronhausen 5. Hirschhorn 47. Altenstadt 19. Bruchköbel

26. Laasphe 4. Cransberg 18 : Burghof. Burg-Schwalbach 17. Singhofen 16 : auf *Felsen* u. sonst. Burg Nassau 16 : Schlofsberg. Gerolstein 23. Wildenburg bei Obertiefenbach 29. Mengerskirchen 10 (im Dorfe). Marienborn 3. Laaspher Hütte 4. Westl. von Biedenkopf 4 : in Feldhecken. Schlofs Dhaun 29. Monzingen 29. Rothenbergen 27. Alsenzthal bei Münster 30. Montabaur 9. Saffig 15. Bendorf 8. Guntersblum 39. Mettenheim 39. Alzey 38. H. — Kaichen 19 (Hörle*). Hohenstein bei Langen-Schwalbach 24 (n. F. H. Snell). (Fehlt im Modauthal 32, 33, 40 u. anscheinend im ganzen Odenwalde, n. Alefeld); nur in der Bergstrafse 39 u. bei Reinheim 33; angeblich bei Umstadt 33 (n. Alefeld). Rofsdorf 33 (n. Wagner). Rehbachthal 31, Oppenheim 31 (nach Reifsig). Kronberg 25 (n. Wendland). — Pfalz: fast überall (Schlz. S. 199). Alsenzthal häufig 37 (Schlz.*). Durch das ganze Gebiet (Löhr En.). Marburg 5 : Bürgeln (Wender.*).

		3	4	5		
8	9	10	11	12		.
15	16	17	18	19	.	.
.	23	24	25	26	27	.
29	30	31	.	33	.	.
.	37	38	39	.	.	.
.	.	.	.	47	.	.

(unvollständig)

Hiernach wahrscheinlich durch das ganze Gebiet verbreitet.

Convallaria verticillata.

Giefsen 12 : Lindener Mark. Birkich bei Lauterbach 14. Herbstein 13. Hatzfeld (über 4). Sackpfeife (ib.). Nisterbrücke östl. von Hachenburg 9. Oberwald 13. Oestl. von Laubach 12. Wildenburg nördl. von Obertiefenbach 29. Winterhauch bei Oberstein 36. Taufstein 13. Geiselstein 13. Donnersberg 37. H. — Weiperfelden 18 (Hey. R. 376). Bilstein, Landgrafenbrunnen im Vogelsberg 13 (n. Heldmann). Kronberg 25 (nach Wendland). Taunus 25, Odenwald 40 (D. u. Scr. S. 131). — Pfalz : Thal Steinalb zw. Niederalben 36 u. Grünbach, Idarwald 29, Oberstein 36, Kreuznach 30, Wolfstein 36, Donnersberg 37 : Königstuhl; zwischen Jacobsweiler 37 u. Wildsteiner Schlofs; Häusel 44, zw. Trippstadt 44 u. Annweiler (Schlz. S. 461). Südabhang des Hunsrücks, bes. Gräfenbachthal 30 u. Quelle des Fischbachs 29 (Wirtg.*). Kaiserslautern 44 : zwischen Mölschbach, Stüder Hof Johanniskreuz (Schlz.*); Rothenberg bei Trippstadt 44 (Böhmer*). Taunus 25, Amt Herborn 4, Dillenburg 3, Marienberg 10 (Fuck. Fl.). Hunsrück 22, Westerwald (Wirtg. Fl.).

		3	(4)	.	.	.
.	9	10	.	12	13	14
15	.	.	18	.	.	.
22	.	.	25	.	.	.
29	30	.	.	.	.	.
36	37	.	.	40	.	.
.	44	.	.	.	.	.

Moselgebirge bis Coblenz 15 (Löhr En.). Emmershauser Weiher [? Emmertshausen 3] (Snell*).

Hiernach durch die Gebirge des ganzen Gebiets verbreitet; nur vereinzelt tiefer herabsteigend 12. (Beeren-Gebirgszugvögel.)

Corispermum hyssopifolium.

Darmstadt 32 (Schnittspahn). cf. Flora 1851, S. 656. Eberstadt 32. Griesheim 32 (D. u. Scr. S. 201).

Wahrscheinlich ein Ueberbleibsel von einem russischen Feldlager.

Corispermum Marschallii.

Darmstadt 32 (n. Bauer). Schwetzingen 46 (u. A. Braun). Winden: unter 45 (D. u. Scr. S. 202).

Wie Vorige. Durch Kosacken vom Dnjepr eingeschleppt 1814.

Coronilla varia.

S. Arealkarte: Bot. Ztg. 1865. Beil. Karte 3.

Nachträge.

Frehner Hof 44 (Trutzer*). Ramholz 21 (n. C. Reufs). Rothenfels 35. Triefenstein 42. Schlofs Wertheim 42. Steinbach 42. Hardheim 42. Zw. Eich 39 u. Alsheim. Südl. von Hochstätten 37. Nördl. von Alten-Bamberg 30. Friedrichsberg bei Bendorf 16. H. — Friedberg 19 über Ossenheim, Bönstadt bis Eichen 19. nördl. über Butzbach 19 bis Langgöns 12; häufig an den Fauerbacher Basaltbrüchen 19 (n. Heldm.). Langenselbold 26. Nauheim 19. H. — Unteres Lahnthal 16 (Fuck.*).

Das frühere Areal wird hierdurch insofern erweitert, als mehrere Punkte im Osten und Südosten (Mainthal u. s. w.) hinzukommen. — Geht durch ganz Süd- und Mittel-Europa; nicht in England und Scandinavien.

Corrigiola litoralis.

Giefsen 12: Lahn am Sand, Hefslar. Vor Launspach 11. H. Kreuznach 30: Nahe (n. Polstorf). Moselkern 15. Oberstein 36. Schladern 2. H. — (Hey. R. 145). Marburg 5 (Wender.*). Frankfurt, Hanau, Steinheim 26 (nach Lehmann). Nauheim 19: Eisenbahndamm; Frankfurter Forsthaus 25, Steinheimer Galgen 26, Ober- und Nieder-Roden bei Babenhausen 26 (D. u. Scr. S. 448). — Pfalz: Mainz 31, früher Dürkheimer Salinen 45 (Schlz. S. 163). Nahethal bei Waldböckelheim 30 (Schlz.*). Rheingau 24 u. Rheinabwärts 8, 1 bis Niederlande (Löhr En.). Nassau: Lahnthal bei Wetzlar

1	2	.	.	5	.	.
8	.	10	11	12	.	.
15	16	.	.	19	.	.
.	.	24	25	26	.	.
.	30	31	.	.	.	.
36	.	.	.	.	.	.
.	.	45	.	.	.	.

11, Weilburg 10, Nassau 16, zwischen Ober- u. Nieder-Mörsbach 2 : Amt Hachenburg (Fuck. Fl.). Rückingen 26, Neuenhafslau 26 (Rufs*).

Hiernach sehr zerstreut durch die niederste und mittlere Region des Gebiets, meist an den Wasserläufen.

Corydalis fabacea.

Olemühle und Trift bei Driedorf 10 : H. 1853. — Am Rande eines Buchenwaldes zwischen Willingen und Brethausen 3 (n. Lambert). Vogelsberg 13, zwischen Königsberg und Hohensolms 11, Enkheim 26 nordöstl. von Frankfurt (D. u. Scr. S. 415). Frankensteiner Thal 44 (Wirtgen*; von Schulz bezweifelt). Fehlt bei Fuck. Nass. Fl. S. 16. Westphalen u. s. w. (Löhr En.). Im preufsischen Gebietstheil : Nürburg in der Eifel (Wirtg.*).

.	.	3	.	.	.	.
.	.	10	11	.	13	.
.	.	.	.	.	.	.
.	.	.	.	26	.	.
.	.	.	.	.	.	.
.	.	.	.	.	.	.
.	(44)	.	.	.	.	.

Hiernach ganz zerstreut und an nur wenigen Stellen.

Corydalis lutea.

Weilburg 10 : Schlofsmauer. H. — Grünberg 12, Idstein 17 (Hey. R. 20). Marburg 5 (Wender.*). Wetzlar 11 : an einer Gartenmauer vor dem Hauser Thor (n. Lambert 1852). Siegburg 1 : Stadtmauer (n. E. Brühl). — Pfalz : Mauern und *Ritzen der Sandsteinfelsen* zu Pirmasenz : unter 43 (Schlz S. 30). Rott bei Weifsenburg : unter 45 (Schlz.*). Gartenmauern Waldfischbach 43 (Ney*). Mauern : Linz 8, Burgbrohl 8 (Wirtgen*). Oestrich 24 (Fuck. Fl.). Rolandseck 8 (Hldbd.). Linz 8 (Löhr En.). Frankfurt 26 (Fresen.*). St. Goar 23 (Wirtg.*).

1	.	.	.	5	.	.
8	.	10	11	12	.	.
.	.	17	.	.	.	.
.	23	24	.	26	.	.
.	.	.	.	.	.	.
.	.	.	.	.	.	.
43	.	(45)	.	.	.	.

Ferner Tyrol, Tessin, Istrien, Dalmatien u. s. w. (Löhr En.). — Genf, Wallis.

Hiernach ganz zerstreut und vereinzelt im Gebiete und wahrscheinlich ein alter Gartenflüchtling aus Südeuropa.

Corydalis solida (digitata).

Giefsen 12 : Hangelstein, Schiffenberg, Annerod. Atzbach 11. Stoppelberg 11. Marburg 5. Garbenheim 11. Darmstadt 32. Oestlich von

Sossenheim 25. Hohen-Solms 11. H. — (Hey. R. 20). Frankfurt: Sandhof 25 (n. Wolf u. Seiffermann). — Pfalz: Zweibrücken 43, Ixheim 43, zw. Niederalben 36 u. Erzweiler, Meisenheim 37, Kreuznach 30, Steinbach am Donnersberg 37, Winnweiler 37, Hatzstein, Schweisweiler 37, Tertiärkalk in Rheinhessen, Kallstadt 45, Dürkheim 45, Neustadt 45, Rheinfläche bei Hagenau. Schriesheim 46, Weinheim 46, Bergstraſse 39 (Schlz. S. 29). Zw. Schweifsweiler u. Rockenhausen 37 (Schlz.*). Guldenbachthal 30 (Wirtg.*). Worms 39 (Glaser*). Metternich 15, Tönnisstein im Brohlthal 8 (Wirtgen*). Nassau nicht überall (Fuckel Fl.). Hanau 26 (Ruſs*). Heisterbach 1 (Hldbd.).

1	.	.	.	5	.	.
8	.	.	11	12	.	.
15	.	.	.	.	.	.
.	.	.	25	26	.	.
.	30	.	32	.	.	.
36	37	.	39	.	.	.
43	.	45	46	.	.	.

(unvollständig)

Hiernach zerstreut durch die niederen und mittleren Regionen des Gebietes. Bei Basel nur auf der rechten Rheinseite im Gebiete der Wiese, während cava auf der linken oder Jura-Seite (Christ. 1879).

Corynephorus canescens.

Gieſsen 12, Krofdorf 11 (Hey. R. 428). Darmstadt 32: Exercierplatz; östlich vor Griesheim. Alzenau 26: Sandhaide. Kahl 26. Oestl. v. Langen 33 (Sand). H.

Ramholz 21 (n. C. Reuſs). Mombach 24 (Römer). v. s. — Rheinpreuſsen zerstreut (Wirtgen Fl.). Okriftel 25, Hachenburg 2: Westerwald (Fuck. Fl.). Pfalz: fast überall gemein, bes. in der Vogesias (Schlz. Fl.) 45, 44.

.	2	.	.	.	.	.
.	.	.	11	12	.	.
.	.	.	.	.	.	21
.	.	24	25	26	.	.
.	.	.	32	33	.	.
.	.	.	.	.	.	.
.	44	45	.	.	.	.

(unvollständig)

Hiernach im mittleren Rheingebiete in sandigen Niederungen. Auſserdem sporadisch, in 2 hoch aufsteigend.

Cotoneaster vulgaris.

Kreuznach 30 (n. Polstorf). Eberstein im Bieberthal 11. H. Berg Alteburg bei Boppard 16 (n. L. Bischof). Ramholz 21 (n. C. Reuſs). Geiselstein im Oberwald 13 (n. Heldmann). Schotten 13 (Hey. R. 129). Odenwald bei Gadernheim 40, *Eberstädter Tanne* 32,

Wonsheim 37, Flonheim 31, Wendelsheim 38, Ingelheim 31, Gonsenheim 31, District Miedeburg bei Schotten 13 (D. u. Scr. S. 504). — Pfalz: Donnersberg 37 u. benachbarte Berge; Nahe- u. Glan-Gegenden z. B. Bingen 30, Meisenheim 37 und viele andere Stellen; Nieder-Ingelheim 24 (Schlz. S. 150). Mosel bei Coblenz 15, Boppard 16 bis Siebengebirge 1 und Ahrthal 8 (Löhr En.). Niederscheld 4, am Homberg bei Herborn 4, Schadeck 17, Dietz 17, Hohenrein 16, längs dem Main und Rhein von Falkenstein 25 bis 24, 23, Braubach 16 (Fuck. Fl.).

			4			
8			11		13	
15	16	17				21
	23	24	25			
	30	31	32			
	37			40		

Hiernach ganz zerstreut durch das Gebiet in der mittleren und oberen Gebirgsregion; sporadisch tiefer 32. (Beerenfressende Vögel).

Crataegus monogyna.
Mit 1 Griffel.

8			11			
15				19	20	21
			32			

Florstadt 19. Wassenach 8. H — Ramholz 21 (n. C. Reufs). Selten um Darmstadt 32 (nach Reifsig). Bieberthal 11 : Eberstein; zwischen Ebersgöns 11 u. Oberkleen 18 (Heyer R. 129). — Pfalz: in allen Gegenden (Schlz. S. 149). Coblenz 15 (Wirtg.*). Büdingen 20 (Thylmann, V. s.).

Hiernach sehr zerstreut. Jedenfalls vielfach übersehen und weiterer Beobachtung bedürftig. Varietät der Oxyacantha.

Crepis foetida (Barkhausia f. K.; Wibelia f. Sz.).

Giefsen 12 : Schoor. Sieben Hügel, Hardt, Bieberthal 11. Ober-Hörgern 12. Arnsburg 12. Rödelheim 25. Zipfen 33. Rochusberg bei Bingen 30. Stromberg 30. Martinstein 29. Monsheim 38. Meisenheim 37. Fachbach 16. Alzey 38. H. — (Hey. R. 231). Marburg 5, Hanau 26 (Wender.*). Kaichen 19 (Hörle*). Darmstadt 32: drei Brunnen in Steinbrüchen (n. Bauer). Nauheim 19 (D. u. Scr. S. 270). — Pfalz: Rheinfläche bei Speyer 46, Schwetzingen 46, Heidelberg 46, Neckarau 46,

Mannheim 46, Ruchheim 45, Maxdorf 45, Ellerstadt 45, Gönnheim 45, Klein-Niedesheim 38, Worms 38; Hardt-Hügel bei Neustadt 45, Annweiler: unter 44, Dürkheim 45, Grünstadt 38; Finthen 31, Bingen 30; Donnersberg 37: Wildsteiner Thal bei Steinbach; Kreuznach 30, Zweibrücken 43 (Schlz. S. 272). Waldmohr 43 (F. Koch*). Thäler des mittleren und südlichen Rheingebiets (Wirtg. R Fl.). — Rolandseck, Linz 8 (Hildbd.*).

				5		
8	.	.	11	12	.	.
.	16	.	.	19	.	.
				25	26	.
29	30	31	32	33	.	.
.	37	38	.	.	.	.
43	(44)	45	46	.	.	.

Hiernach anscheinend regellos zerstreut durch den westlichen Theil des Gebiets, in verschiedenen Niveaus.

Crepis praemorsa (Inthybus p. Tr.).

Bonbader Hardt zwischen Bonbaden und der Oberndorfer Schmelze 11 (n. Lambert). Alsbacher Schlofs 39 (n. Bauer). Gonsenheim 31 (n. Reifsig). Kalk- und Löfs-liebend; im Vulkan. Theil des Odenwaldes 33, Rheinhessen, Nierstein 31, Kreuznach 30, Nieder-Ingelheim 24, früher bei Giefsen 12; Laubach 12, Schotten 13, Friedberg 19 (D. u. Scr. S. 271; Hey. R. 231). Pfalz : Wiesloch 46, Schriesheim 46, längs der ganzen Bergstrafse 39; Rehbachthal 31 bei Nierstein; Deidesheim 45, Zweibrücken 43 (Schlz. S. 273). Hardt : von Königsbach bis Forst 45 (Poll. 1863, 173). Coblenz 15 (Löhr En.). Nicht in Nassau (Fuck. Fl.). — Bieber bei

.	.	.	.	.	.	.
.	.	.	11	12	13	.
15	.	.	.	19	.	.
.	.	24	.	26	.	.
.	30	31	.	33	.	.
.	.	.	39	.	.	.
43	.	45	46	.	.	.

Offenbach 26 (Theobald*). Gau-Algesheim 31 (Fuck.*).

Hiernach ganz zerstreut durch fast alle Etagen. (Ueberwiegend in den Hauptzuglinien.)

Crepis tectorum.

Giefsen 12 (Dill. cf. Heyer R. 231). Elsheim 31. Eckelshausen 4. Hoffmann.

Rofsdorf 33 (nach Wagner). — Pfalz: ganze Rheinfläche 46 und nahe Tertiärhügel, z. B. Dürkheim 45 und südlich (Schlz. S. 274); abwärts bis Bingen (Poll. 1863, 173). Kreuznach 30 (Wirtg.*). Nassau: nur im Main- 25 u. Rheinthale 24 und bei Diez 17 (Fuck. Fl.). Nauheim 17 (Wenderoth*).

Hiernach in einem Theile des Rhein- und Mainthales; aufserdem sporadisch.

Cuscuta Epithymum (u. Trifolii B.).

Giefsen 12 : Schmitta, Hardt u. sonst. Gambach 12. Rödelheim 25. Hausen 25. Rehbachthal 31. Königsberg 11. Bastenhaus am Donnersberg 37 auf Saroth. Monsheim 38 : auf Luzerne. H.

Zwischen Bockenberg und Griedel 19 (E. Dieffenbach). Rofsdorfer Forsthaus 33 (n. Bauer). Rofsdorf 33 (n. Wagner). Niederwiesen 38 (n. Wagner). — Pfalz: fast überall; schmarotzt *sogar auf* jungen *Föhren-Bäumchen* (Schlz. S. 304). Von König auf Equiset. beobachtet. (S. L. Koch, Klee- und Flachsseide. 1880, S. 121). — Rheinpreufsen (Wirtgen Fl.). Nassau häufig (Fuck. Fl.).

Hiernach wahrscheinlich allgemein verbreitet mit Culturpflanzen.

(unvollständig)

C. Trifolii: Zweibrücken 43, Deidesheim 45 (Schlz.*). Nierstein 31, Münzenberg 19 (Hey. R. 262).

Cuscuta Schkuhriana Pf.

Nordwestlich von Beuern 12 : auf Vicia sativa (1858). H. — Nicht im übrigen Gebiete aufgefunden.

Cynanchum Vincetoxicum (Vincet. offic. M.).

Arealkarte: Oberhess. Gesellsch. Ber. 13 (1869). T. 2.

Neue Standorte.

Neu-Weilnau 18. St. Goarshausen 23. H. — Mainz 31 (n. v. Reichenau). Kaichen 19 (Hörle*). Ludwigshöhe bei Darmstadt 32 (n. Bauer).

Das frühere Areal wird hierdurch nicht verändert. — Geht durch fast ganz Europa (nicht in England und dem nördlichen Scandinavien) bis zum Altai.

Cynodon Dactylon.

Weisenheim am Sand 38. H. — Mombach 24 (Römer). v. s. — Bessungen 32 (n. Bauer). — Pfalz : bes. Tertiärhügel und Rheinfläche : Neustadt bis Dürkheim 45, Speyer 46, Schwetzingen 46, Heidelberg 46, Mannheim 46, Freinsheim 45, Heuchelheim 38, Frankenthal 46, Worms 39, Mainz 31, Darmstadt 32, Kreuznach 30 (Schlz. S. 523). Deidesheim 45 (Schlz.*). Alt-Wiesloch 46, Neuenheim 46, zw. Neustadt 45 und Grünstadt 38, Bingen 30 (Poll. 1863, 269). Nassau nur im Main- 25 und Rheinthal (Fuck. Fl.). Coblenz 15 (Löhr En.). Rheinpreufsen in den Thälern (Wirtg. Fl.). Unkel, Erpel, Linz 8 (Hldbd.*).

.	.	,	.	.	.	
8	.	.	.	.	.	
15	.	.	.	.	.	
.	.	.	24	25	.	.
.	30	31	32	.	.	.
.	.	38	39	.	.	.
.	.	45	46	.	.	.

Hiernach nur in der niederen Region des Rhein- und unteren Mainthals.

Cynoglossum montanum.

Ramholz 21 (nach C. Reufs). Rhön (Schenk). Donnersberg 37 (Poll.).

Cynoglossum officinale.

Westl. von Steinbach 12 : *Basalt* Annerod 12. Berger Mühle 12. Kirchgöns 12. Langgöns 12. Ober-Hörgern 12. Okarben 19. Bieberthal 11 : *Kalk*. Eckelshausen, Elmshausen 4. Dornholzhausen 12. Möttau 18. Weilmünster 18. Nordöstl. von Katzenellenbogen 17 : auf *Kalkfels*. Runkel 17. H. — (Hey. R. 267). Marburg 5 (Wender.*). Kaichen 19 (Hörle*). Gleiberg 11 (n. Waguer). Altenbuseck 12 (n. C. Eckhard). Starkenburg u. Rheinhessen auf *Sand* häufig (D. u. Scr. S. 323). — Pfalz : Trifels bei Annweiler : unter 44, Heidelberg, Schwetzingen 46, Mannheim 46, Darmstadt 32, Grünstadt 38, Worms 39, Oppenheim 32, Kreuznach 30, Kaiserslautern 44, Homburg 43 : Karlsberg

.	.	.	4	5	.	.
8	.	.	11	12	.	.
15	.	17	18	19	.	.
.	.	.	.	.	.	.
.	30	31	32	.	.	.
.	.	.	39	.	.	.
43	44	.	46	.	.	.

(unvollständig)

(Schlz. S. 306). Bingen 30 (Poll. 1863, 185). Rheinpreufsen zerstreut (Wirtg. Fl.). Coblenz 15 (Löhr En.). Nassau hier und da (Fuck. Fl.). Sinzig, Landskrone 8 (Hildbd.*). Mainz 31 (nach v. Reichenau). Hiernach regellos zerstreut durch das Gebiet.

Cyperus flavescens.

Giefsen 12 mehrfach. Grünberg 12 (Hey. R. 394). Darmstadt 32 (n. Wagner). — Pfalz : fast überall, bes. Kaiserslautern 44 (Schlz. S. 484). Kreuznach 30, sonst nicht im preufs. Gebietstheil (Wirtg. Fl.). Seeburger Weiher 9 (Fuck. Fl.). Marburg 5 (Wender.*).

Cyperus fuscus.

Schwedensäule 32. Bickenbacher Torf 39. Stockstadt 32. H. — Heskem 5 : olim (Wender.*). Zwischen Kastel und Kostheim 24 (nach Reifsig). Giefsen 12 mehrfach (Hey. R. 393); u. a. am Licher Weg (nach Ettling). Spessart 34 (Behlen*). — Pfalz : Rheinfläche 46 fast überall; Kreuznach 30 (Schlz. S. 484). Deidesheim 45, Heidelberg 46, Darmstadt 32, Kaiserslautern· 44 (Poll. 1863, 252). Rheinpreufsen zerstreut (Wirtg. Fl.). Coblenz 15 (Löhr En.). Nassau 25 : Main- und Rheinbett 24, Nieder-Lahnstein 16, Hadamar 10 (Fuck. Fl.). Hiernach sehr zerstreut über die verschiedenen Flufsniederungen des Gebiets.

				5		
		10		12		
15	16					
		24	25			
	30		32		34	
			39			
	44	45	46			

Cypripedium Calceolus.

Weinheim 46 (n. Klein). Obernseener Hof : östlich von Laubach 13 (n. Graf R. zu Solms-Laubach 1854). Angeblich bei Worms 38 und Heppenheim 39 (Reifsig). Blasbacher Wald 11 (nach Lambert „der dritte Standort bei Wetzlar"). Spessart 34 (Behlen*). Wembach 33, Bolzenbach 46, Alsbach 39 (D. u. Scr. S. 154). — Fehlt in der Pfalz (Schlz.). Balsenbach[?] unweit Hemsbach 46, Mosbach 48 (Poll. 1863, 241). Schlüchtern 21, Steinau 21 (Wender. Fl.). Nach Winckler noch auf dem Alsbacher Schlofs 39. Wetzlar 11, Lützellinder Wald 11, Ems 16, Nieder-Lahnstein 16

1						
8			11		13	
15	16					21
	23					
				33	34	
		38	39			
			46		48	

(Fuck. Fl.). Ochtendung 15, Linz 8 (Wirtg. Fl.). Cauh 23, Remagen 8, Siebengebirg 1, Mayenfeld 15 (Löhr En.). Boppard 16 (Bach Fl.). Hiernach ganz regellos zerstreut durch das Gebiet.

Cystopteris fragilis (Aspidium fr.).

Schlierbach 4. Marburg 5. Spessartkopf bei Güttersbach 40 (Buntsandstein). Giefsen 12 : Hangelstein (Basalt), Allertshausen, Annerod. Ziegenberg 18. Rodheim 11. Fetzberg 11 : Basalt. Heiligenberg bei Jugenheim 39. Grofs-Felda 13. Rimlos 14. Lindener Mark 12. Kleeberg 18 (Thonschiefer). Löhnberg 10. Mehrenberg 10 Hadamar 10. Molsberg 10. Oestl. von Hachenburg 9. Driedorf 10. Haiern 10. Herborn 3. Rüdingshain 13. Königsberg 11. Obermühle 11. Grofs-Heubach 41. Lindenfels 40. Ortenberg 20. Waldaschaff 34. Hessenthal 34. Blessenbach 17. Uerzell 21. Wohnfeld 12 : Basalt. H. — Epstein 25 (Becker*). Ernsthofen 40 gegen Wabern (n. Bauer). Oppenrod 12 (Dillen.*). — Pfalz : fast überall 44, 45, 37, bes. Zweibrücken 43 (Schlz. Fl.). Rheinpreufsen, z. B. Ahrthal 8, Lahnthal 16, Bendorf 16 (Wirtg. Fl.). Wilhelmsbad 26, Hörstein 27, Kronberg 25, Oberzell 21, Schwarzenfels 21, Beilstein bei Vilbach 27 (Wetter. Abh. 1858, 251). Weyers : neben 14 (Lieblein*). Siebengebirg 1 (Hildbd. *).

1	.	3	4	5	.	.
8	9	10	11	12	13	14
.	16	17	18	.	20	21
.	.	.	25	26	27	.
.	.	.	.	.	34	.
.	37	.	39	40	41	.
43	44	45	.	.	.	.

(unvollständig)

Scheint hiernach durch die Gebirge sehr verbreitet. Im Schiefergebirge südwestlich (Hunsrück) nicht angegeben.

Cytisus sagittalis.

Arealkarte : Oberh. Ges. Ber. 13 (1869). T. 2.

Nachträge.

Donnersberg 37. Mühlberg bei Niederkleen 11. Obershausen 10. Heidenmauer bei Dürkheim 45. H. — Starkenburg und Rheinhessen; sehr vereinzelt im Vogelsberg 13 und Odenwald 40 (D. u. Scr. S. 533). Hitzkirchen 20 nordöstl von Büdingen (Schüler). Siebengebirg 1 (Hldbd.).

Das frühere Arealbild wird hierdurch nicht geändert. — Im südlichen und einem Theil des mittleren Europa.

Daphne Cneorum.

.	.	.	.	.	.	.
.	.	.	.	.	.	25
.	.	.	.	.	.	.
.	.	25	26	.	.	.
.	.	.	.	.	.	.
.	37	.	.	.	.	.
.	44	.	46	.	.	.

Hinkelstein bei Kelsterbach 25 (H. 1855). Frankfurter Wald; Schwanheim 25 (n. Theobald 1851). Feuchter Birkenwald bei Rüsselsheim 25 (n. Reifsig). Hölle bei Vilbel 26 (Rein*). — Pfalz : Speyer? 46, Donnersberg 37??, früher bei Kaiserslautern 44, Mölschbach 44 (Schlz. S. 397). Nicht in Rheinpreufsen (Wirtg. Fl.) und Nassau (Fuck. Fl.).

Also nur in zwei Districten des Gebietes. Sonst im Jura, Vogesen, Tyrol u. s. w. (Löhr En. 583).

Daphne Mezereum.

Giefsen 12 : Lindener Mark, Giefs. Wald, Hangelstein. Stoppelberg 11, Wachenberg 46. Oestl. von Maulbach 6. Arnshöfen 9. Nisterbrücke 9. Hof Haina 11. Bubenrod 11. Fellingshausen 11. Weilmünster 18. Langhecke 17. Katzenellenbogen 17. Oberwald 13 : Sieben Ahorne, Geiselstein; Winterhauch bei Oberstein 36. Sulzbach 16. H. — Marburg 5 (Wender.*) Kaichen 19 (Hörle*).

.	.	,	.	5	6	.
.	9	.	11	12	13	.
.	16	17	18	19	.	21
.	.	.	.	.	27	.
.	30	.	.	33	.	.
36	37	.	.	.	.	.
43	44	45	46	.	.	.

(unvollständig)

Rofsdorf 33 (nach Wagner). Ramholz 21 (nach C. Reufs). — Pfalz : Weinheim 46, Leutershausen 46, Schriesheim 46; *Rheinfläche* bei Mannheim 46, Kusel 43, zw. Erzweiler und Niederalben 36 im Thale Steinalb, Lauterecken 36, Donnersberg 37, Steinbach 37, Kreuznach 30, Neustadt 45, Edenkoben 45, von Dernbach 44 über Eusserthal 44 und Rinnthal 44 bis gegen Elmstein 44, Zweibrücken 43 (Schlz. S. 396). Nur an wenigen Orten in der Vogesias 44, 45 (Poll. 1863, 218). Wachenheim 45 : Burgthal (Koch*). Esthal 44 (Ney*). Mölschbach 44, Stüderhof 44 (Schlz.*). Rheinpreufsen (Wirtg. Fl.). Nassau häufig (Fuck. Fl.). Meerholz 27 (Rufs*).

Scheint hiernach in der Hügel- und Gebirgsregion allgemein verbreitet; ausnahmsweise tiefer 46.

Datura Stramonium.

Salzwiese westl. von Münzenberg 19. Guntersblum 39. Güttersbach 40. Ober-Ingelheim 31. Lützellinden 11. H. — Grüningen 12, Eberstadt

12, Laubach 12, Engolrod 13 (Hey. R. 271). Gegenüber Kostheim am Main (n. Weigand). — S. die Bemerkung von Lambert unter Oenothera biennis. — Darmstadt 32 : Amosenteich, Eberstadt (n. Bauer). — Pfalz: suis locis fast überall (Schlz. S. 316); z. B. Hardenburg 45, Dürkheim 45, Kaiserslautern 44, Lambsheim 45 (Böhmer*). Worms 39 (Glaser*). Rheinpreufsen (Wirtg. Fl.). Reichelsheim 19, Nassau stellenweise (Fuck. Fl.). Budenheim 24 : Sand (nach V. Reichenau).

.	.	.	.	.	.	.
.	.	.	11	12	13	.
.	.	.	.	19	.	.
.	.	24	.	.	.	.
.	.	31	32	.	.	.
.	.	.	39	40	.	.
.	44	45	.	.	.	.

(unvollständig)

Hiernach als fremdes Unkraut vielleicht sehr verbreitet. Specielle Angaben fehlen für unser Gebiet.

Wurde 1580 zuerst in Wien gezogen (n. v. Schlechtendal). Weiteres bei A. de Candolle géog. bot. rais.). Angeblich durch die Zigeuner verbreitet.

Delphinium Consolida.

Arealkarte : Oberhess. Ges. Ber. 13 (1869). T. 3.

Nachträge.

Steinbach 38. Laach 8. H. — Amöneburg 5, Fulda 14, Uhdenhausen [Odenhausen 12] (Wender. Fl.)

Das frühere Arealbild wird hierdurch nur insoweit verändert, dafs zwei weitere nach Nordost vorgeschobene Punkte hinzukommen. — Geht durch fast ganz Europa. Wohl durch den Ackerbau verbreitet.

Dentaria bulbifera

Giefsen 12 : Lindener Mark, Schiffenberger Wald, Hangelstein; Hausberg 18. Windhausen 13. Herbstein 13. H. Schieferfels bei Dahlberg westl. von Kreuznach 30 (n. Polstorf). Löhnberg 10. Eiserne Hand westlich von Oberscheid 4. Oberwald 13 : Geiselstein. Kernbach 4. Biedenkopf 4. Lixfeld 4. Südwestl. von Gedern 20. Obershausen 10. Rossert bei Epstein 25. H. — Dünsberg 11, Helfholz, gr. Rothenberg, Königsberg, Hohensolms 11, Laubacher Wald 12, Stoppelberg 11 (Heyer*). Feldheimer Wald bei Hungen 12, Langen 33 (n. Reifsig). Schlichterwald bei Mörfelden 25, in der Koberstadt bei Langen 33; Taunus 25 : Falkenstein (D. u. Scr. S. 428).

1	.	.	4	5	.	.
8	.	10	11	12	13	.
15	16	.	18	19	20	.
.	23	.	25	26	.	.
29	30	.	.	33	.	.
.	37	.	.	.	.	.
.	.	.	46	.	.	.

Hanau 26, Reichelsheim 19 (Wett. Ber. 1868, 44). Marburg 5 (Wender.*).
Pfalz : Kirn 29, Lemberg 37, Kreuznach 30, *Rheinfläche* bei Waghäusel
46; scheint in der bayrischen Pfalz sonst zu fehlen (Schlz. S. 42).
Oberhalb Stromberg 30, Steeg 23 gegen Bacharach (Wirtg.*) : alba.
Ganz Nassau stellenweise (Fuck. Fl.). Rheinisches Schiefergebirge
(Wirtg. R. Fl.). Coblenz 15, Boppard 16, Siebengebirge 1 (Löhr En.).
Ahrthal 8 (Hldb.).

Hiernach durch die Gebirge des mittleren und nördlichen Gebiets
verbreitet. Sporadisch in der Rheinniederung 46.

Dianthus Carthusianorum.

*S. Arealkarte : Bot. Ztg. 1865. Beil. Karte 4. — Ferner : Karte von
Gießen (T. 2) und Kissingen (T. 1) in Oberhess. Ber. 8 (1860).*

Nachträge.

Nordwestlich von Lohr 33. Neustadt am Main 35. Rothenfels 35.
Markt Heidenfed 35. Rettersheim 42. Kreuzwertheim 42. Wertheim 42.
Mettenheim 38. Limburg bei Dürkheim 45. Seebach 45. Lindenberg 45.
Neidenfels 45. Weidenthal 45. Hochspeyer 44. Hochstätten 37. Altenbamberg 37. Winningen 15. Cretz 15 Kruft 15. Laach 15. Oestlich
von Kleeberg 18. Gießen : westl. von der Lindener Mark 12. Zwischen
Münzenberg und Griedel 19. Villmar 17 : Schalstein. H. — Lurley 23,
Friedrichstein var. *weiß* bei Coblenz 15 (Wirtg.*). Linz 8, Hammerstein 8 (Hldbd.). Bei Mainz 31, Charakter-Pflanze der *sandigen* Kieferngehölze (W. v. Reichenau); sonst vielfach als *Kalk*pflanze erscheinend.

Hierdurch wird das frühere Arealbild im Wesentlichen nur durch
einige Punkte im Mainthale östlich vom Spessart verändert.

Durch Süd- und Mitteleuropa verbreitet; nicht in England und Scandinavien.

Dianthus deltoides.

S. Arealkarte : Oberhess. Ges. Ber. 13 (1869). T. 3.

Nachträge.

Ober-Weidbach 4. Donnersberg 37. H. — Kaichen 19 (Hörle*).
Zwischen Hanau u. Spessart 27 (n. Theobald). Rheinebene (D. u. Scr.
S. 460). Siegburg 1 (Hldbd.).

Hierdurch wird das frühere Arealbild nicht merklich verändert. —
Die Pflanze geht durch fast ganz Europa.

Dianthus prolifer.

S. Arealkarte : Oberhess. Ges. Ber. 13 (1869). T. 3.

Nachträge.

Dillenburg 3. Seelbach 4. Balduinstein 17. H. — Breungeshain 13
(n. Purpus u. W. Scriba). Kaichen 19 (Hörle*).

Hierdurch wird das frühere Arealbild nicht verändert. — Geht durch
Mittel- und Südeuropa bis Caucasus und Kleinasien.

Dianthus superbus.

Giefsen 12 : Philosophenwald. H. — Griedel 19, Oberwald 13 und noch andere Standorte in denselben Quadrangeln s. bei Hey. R. 47. — Darmstadt 32 östlich. Torfstiche bei Bickenbach 39. Lichtenberg 40. Hettingenbeuern 48. Sumpfwald Schlichter bei Mörfelden 32. H. — Auf Sand : Kaninchenberg westl. von Büttelborn 32 (n. Kuhl). Bayerseich östlich von Langen 33 (n. Münch). Miltenberg 41. Südwestl. von Friedrichsdorf 47. Kranichstein 32. Wolfsbrunnen bei Heidelberg 47. Gelnhausen 27. Nordwestl. von Lohr 35. H. — (Fehlt bei Kreuznach 30, n. Polstorf). Sachsenhäuser Ziegelhütte 26 (n. Wolf und Seiffermann) auf Grasplätzen. Rofsdorf 33 (n. Wagner). Schönauer Hof im Ried, Niederolmer Wald 31 (n. Reifsig). — Pfalz : Rheinfläche fast überall 45, 46; Kaiserslautern 44, im Frögenthal zw. Elmstein 44 und Eufserthal (Schlz. 75). Königstein 25, Schwanheimer Wald 25 (Fuck. Nass.). Waasenbacher Wald bei Laach [? Wassenach 8] (Löhr En.). Nieder-Mittlau 27 (Wett. Ber. 1868, 88). Hanau 26, Griedel 19 (Wender. Fl.). Büdingen 20 (C. Hoffmann).

Hiernach sehr verbreitet durch die Niederungen und die Hügelregion.

Dictamnus Fraxinella (u. albus).

Hinkelstein bei *Kelsterbach* 25. H. — Offenbacher Wald 26 (nach Theobald). Rothe Hardt bei Kreuznach 30 (n. Polstorf). Geisberg bei Ober-Ingelheim 31 (H.). Niederfell 15 (n. Schlickum). Harreshausen 33 : District Untereichen. Offenbach 26 : Grafenbruch; zw. Ober-Ingelheim und Gau-Algesheim 31, Wendelsheim 38, Wonsheim 37, Fürfeld 37 (D. u. Scr. S. 483). Pfalz : von Neustadt 45 bis Grünstadt 38 (z. B. Königsbach, Dürkheim, Ungstein, Kallstadt, Battenberg); *Donnersberg* 37 : bei Dannenfels, Steinbach, auf dem Platten- und Reisberg; Rofsberg und Rothenfels bei Kreuznach 30; Kirn 29, Kellberg bei Kirn 29, Lemberg 37, Breitenheim 36; Meisenheim 37 : an den Dachslöchern (Schlz. S. 104). Simmerthal bei Kallenbach 29, Algesheimer Berg 31 (Wirtg.*). Mittelrhein- 23, Lahn- 16, Moselthal 15 (Wirtg. Fl. ed. 2, 369). Schwanheimer Wald 25, Horein 16 bis Nieder-Lahnstein, Wisperthal 23 auf der Kammerburg, Bodenthal bei Lorch 23, Caub 23, Lahneck 16 (Fuck. Fl.). Boppard 16, Simmern 22 (Löhr En.). Nettethal bei Andernach 8 (Wirtg. Reisefl.).

Hiernach verbreitet auf Hügeln und Bergen (selten in der Niederung) im Rheinthal und dem unteren Theile der Nebenthäler.

Digitalis fuscescens W. H.

Bieberthal 11 : auf dem Eberstein (H. z. Solms 1861). Wohl angepflanzt. v. s.

Digitalis grandiflora (ambigua, ochroleuca J.).

Usingen, Ziegenberg 18. Hausberg 18. H. — Stromberg 30 (nach Polstorf). Messel 33 (n. Glockner). Kleeberg 18. Goldstein bei Höchst 25. Angeblich auf dem Dünsberg 11. Schwedenschanze bei Kelsterbach 25. Friedrichsdorf 47. Felsberg 40. Weilmünster 18. Breidenstein 4. Winden 18. H. — Hungen 12 (n. Eberwein). Kaichen : Naumburg 19 (Hörle*) : Melaphyr nach R. Ludwig. — (Hey. R. 276). Gelnhausen 27 (Wend. Fl.). Zwischen Volnkirchen und Oberkleen 11 (nach Lambert). Griesheimer Eichwäldchen 32 (n. Bauer). Rehberg bei Rofsdorf 33 (n. Wagner). Offenbach 26 : an der Luhe [?] (n. Lehmann). Ranstadt 19 : am Judenkirchhof (n. Heldmann). Hanau 26 : vielfach auf *Sand*; Ortenberg 20 : auf *Basalt* (n. Theobald). Oberhalb Laspe 4 (n. Wigand). Vorhügel der Bergstrafse 39 (n. Reifsig). Spessart 34 (Behlen*). Rheingrafenstein bei Kreuznach 30 (D. u. Scr. S. 341). —

			4			
8	.	.	11	12	13	.
15	16	.	18	19	20	.
.	.	24	25	26	27	.
29	30	.	32	33	34	.
36	37	.	39	40	.	.
.	44	.	46	47	.	.

(unvollständig)

Pfalz: Gebirge von Heidelberg 46 und Neckargemünd 47 durch den Odenwald und längs der Bergstrafse bis Darmstadt, Donnersberg 37 und Umgebung, Wolfstein 36, Rathsweiler 36; Nahe- und Glangegenden z. B. Kreuznach 30, Kirn 29, Oberstein 36, Baumholder 36, Grumbach 36, Niederalben 36, Erzweiler 36; Langscheid bei Gräfenhausen 44, Schwetzingen 46 auf der *Rheinfläche* (Schlz. S. 325). Lauterthal aufwärts bis Wolfstein 36 (Pollich*). Einzeln durch Rheinpreufsen, z. B. Mayenfeld 15, Lahn- 16 und Moselthal 15 (Wirtg. Fl.). Nassau : durch das ganze Gebiet (Fuck. Fl.). Rheineck, Brohlthal 8 (Hildbd.*). Obernseener Hof 13 : Höllersköpfe (n. Graf F. Laubach). Hohenstein 24 (n. Snell).

Scheint hiernach durch alle Etagen des ganzen Gebietes verbreitet zu sein, mit Ausnahme des Vogelsbergs und vielleicht des Westerwaldes.

Digitalis purpurea.

Arealkarte : Oberhess. Ges. Ber. 13 (1869). T. 3.

Nachträge.

Lixfeld 4, Tringenstein 4. Südöstl. von Hachenburg gegen Böhmersdorf *häufig* in einem Erlenwald *auf Basalt* 9. Astert 2. Ehrlich 2. Am Silberbach nordöstl. von Ehlhalten 25. H. — Fulda 14 (Lieblein*). Butznickel zwischen Ehlhalten und Schlofsborn 25 (n. F. Gruner). Epstein 25 (n. Wendland). Steinau [ob an der Kinzig? H.] nach Wagner. Angeblich bei Grebenhain 13 am schwarzen Flufs (n. Heldmann). Oestl. vom Alsenzthal 37 (Schlz.*). Falkensteiner Thal 37 (Böhmer*).

Hierdurch wird das frühere Arealbild nicht nennenswerth geändert. — Gedeiht in der Cultur auch auf Kalkboden (s. Hoffm. in landw. Vers. Stat. XIII, S. 269 f.). Wild auf dem weifsen Kalkberge Kallmuth bei Wertheim (n. Schiller), ebenso auf Plänerkalk bei Dresden, auf Kalkbergen bei Zittau (n. Buchheim). — Geht durch fast ganz Europa westl. vom Meridian der Krim; ferner auf den Chiloes-Inseln in Südwest-America (Cunnigham 1870).

Digitalis lutea.

Ruine Frauenburg bei Oberstein 36. H. — Nahe- und Glangegenden sehr gemein, Baumholder 36, Grumbach 36, Erzweiler 36, Grünbach 36, Niederalben 36, Kusel 43, Wolfstein 36, Niederkirchen 37 (Schlz. S. 326). Wieselbach 36, Kirchbollenbach 36 (Schlz. *). Idarthal 36 (Wirtg.*). Zwischen Kirchheimbolanden und dem Alsenzthal 37 (Schlz.*). Moselgebiet z. B. Mayen 15 (Wirtg.). Von Basel bis zur Ahr 8 (Wirtg. R. Fl.). Fehlt in Nassau (Fuck. Fl.).

Der Bastard *purpurascens* hat sich im botan. Garten zu Giefsen aus Dig. purp. und lutea spontan ausgebildet 1877. H.

Hiernach sehr beschränkt im Vorkommen. (Deutet auf südwestliche Einwanderung.)

Diplotaxis muralis.

Elsheim 31. Pfeddersheim 38. Nieder-Flörsheim 38. Gundheim 38. Ober-Ingelheim 31. Giefsen 12 : auf Lahnkies im botan. Garten. Griesheim 25. Gutleuthof 25. Rüdesheim 30. Afsmannshausen 23. Eisenberg 38. Asselheim 38. Westhofen 38. Nordöstlich von Nieder-Olm 31. Zahlbach 31. Monsheim 38. Hafenlohr 35. Rettersheim 42. Wertheim 42. Rasenstein 8. Westlich von Eich 39. H.

Mühlenthal bei Darmstadt 32 (n. Bauer). Von Offenbach 26 bis 25 Mainz 31 (n. Lehmann). Main-Ebene bis nach Franken 26, 34, 41, 42, 35 (n. Theobald). Zwischen Mainz n. Oppenheim 31, Mombach 24, Hochheim 25, Bischofsheim 32 (n. Reifsig). In Oberhessen nur längs der Bahndämme (D. u. Scr. S. 435). — Pfalz : Rheinfläche bei Ruppertsberg? 45. Maxdorf 45, Mannheim bis Bingen, Nahethal bis Kreuznach 30, Feudenheim 46, Heidelberg 46 (Schlz. S. 48). Dürkheim 45 (Treviranus*, der sie für *Var. der tenuifolia* hält; Poll. 1861, S. 94; — in der That *decken sich die Areale*. H.). Schifferstadt 46 (Schlz.*). Zw. Engers u. Neuwied 8 (Wirtg.*).

1	.	.	.	.	.
8	.	.	(12)	.	.
15	.	.	.	.	.
.	23	24	25	26	.
.	30	31	32	.	34 · 35
.	.	38	39	.	41 · 42
.	.	45	46	.	.

Nassau : nur im Main- und Rheinthal 25, 24 (Fuck. Fl.). Hochheim 25 bis Hanau 26, Coblenz 15 (Löhr En.). — Steinheim 26, Hochstadt 26 (Wett. Ber. 1868, 55). Rheinthal und Mosel bis 500 F. über der Rheinfläche aufsteigend (Wirtg.*).

Hiernach nur in der Niederung des Rheinthales und des unteren Laufes der Nebenflüsse.

Diplotaxis tenuifolia.

Arealkarte : Oberh. Ges. Ber. 12 (1867).

Nachträge.

Am Main von Aschaffenburg aufwärts bis Bamberg 34, 41, 42, 35 (Kittel). — Pfalz: Vogesias: Schlofsberg bei Homburg 43 (F. Schultz), nicht ursprünglich. Luxemburg: murs des fortifications, chemins de rondes; Rochers de la Pulvermühl. Ruines d'Ansembourg et de Larochette. (J. P. J. Holtz). Durch Rheinhessen, zwischen Bergstrafse und Rhein 39 (D. u. Scr. S. 435). Ludwigshafen 46. Mühlberg bei Oberrad 26. Engers 8, Rheinufer unter Vallendar 16. Neuwied 8. Fahr a. Rhein 8. Leutesdorf 8. Nieder-Hammerstein 8. Leubsdorf 8. Hönningen 8. Kruft 15. Andernach 8. St. Goarshausen 23. Dienheim 32. Eich 39. Alsheim 38. Mettenheim 38 : Löfshügel. Guntersblum 39. Coblenz 15. H.

Das frühere Arealbild wird hierdurch nur insofern verändert, als einige Standorte am Spessart-Main hinzukommen.

Diplotaxis viminea.

Bischofsheim 32 (n. Bauer). Hinter dem grofsen Woog bei Darmstadt 32, Worms 38, Osthofen 38 (n. Schnittspahn). Frankfurt 26 (W. Schaffner). Okriftel 25, Flörsheim 25, Rüsselsheim 25, Hochstadt

26 (n. Lehmann). Hochheim 25 (n. Theobald). Zwischen Gustavsburg und Bischofsheim 32; zwischen Castel und Kostheim 24 (n. Reifsig). Rhein-, Main- und Nahe- 30 Ufer, Rheinhessen 31, Ried 32 (D. u. Scr. S. 435). Hanau 26 (Wett. Ber. 1868, 56). Bayr. Pfalz: nicht beobachtet (Schlz. S. 49). Hattenheim 24, von Höchst bis Hochheim 25 (Fuck. Fl.). Wertheim 42 bis 41, 34 Mainz 31 (Wirtg. Rs. Fl.). Steinheim bei Hanau 26 (Löhr 1824).

.	.	.	.	.	.	.
.	.	.	.	.	.	.
.	.	.	.	.	.	.
.	.	24	25	26	.	.
.	30	31	32	.	34	.
.	.	38	.	.	41	42
.	.	.	.	.	.	.

Hiernach nur durch das Mainthal und einen kleinen Theil des benachbarten Mittelrheingebiets.

Dipsacus pilosus (Cephalaria p. Gr.).

Giefsen 12 : Schiffenberg, Hangelstein. Wisperthal unterhalb Gerolstein 23. Nieder-Breitbach 8. Schlüchtern 21. H. — (Hey. R. 198). Amöneburg 5 (Wenderoth *). Auerbacher Schlofs 39, längs der Bergstrafse 39, Handschuchsheim 46, Stettbacher und Hochstätter Thal 39, Neckarau 46, Crumstädter Wald gegen *Eschollbrücken* 32, *Griesheimer* Eichwald 32, Buchrainweiher bei Offenbach 26, Grüninger Wald 12, *Oberwald* häufig 13 (D. u. Scr. S. 226). — Pfalz : zw.

1	.	.	.	5	.	.
8	.	.	.	12	13	.
15	.	.	.	.	.	21
.	23	.	.	26	.	.
29	30	.	32	.	.	.
36	37	.	39	.	.	.
43	.	.	46	.	.	.

(unvollständig)

Stromberg u. Kreuznach 30, Nahe- u. Glangegenden: Winterburg 30, Merxheim 29. Grünbach 36, Erzweiler 36, Niederalben 36; Zweibrücken 43; Waghäusel 46, Leimen 46, Mannheim 46, Heidelberg 46 (Schlz. S. 215). Oberstein 36 : Winterhauch, Lauterbach-Thal (Schlz.*). Frankfurt 26, Meisenheim 37, Coblenz 15, Moselthal 15 bis Trier, Brohl- und Ahrthal 8, Siebengebirge 1 (Löhr En.). Nassau : stellenweise im ganzen Gebiet (Fuck. Fl.).

Hiernach regellos zerstreut durch alle Etagen.

Doronicum Pardalianches.

Hangelstein bei Giefsen 12 : seit Dillen 1719 bekannt; hat den alten Standort nicht überschritten.

Melibocus 39 (Schn.). Höchste Gipfel des Vogesen-Sandstein-Gebirges zwischen Kaiserslautern 44 und Dürckheim 45, namentlich Drachenfels 45 und Hohberg (Schlz. S. 240). Winningen 15, Lay bei Coblenz 15, Neuwied 8, Krufter Ofen bei Laach 15, Simmern 22 (Wirtg. Fl.). Nassau 16, Limburg 17, Schwabenberg bei Castel 24 (Löhr En.). Falkensteiner Schloſs im Taunus 25, Becheln 16, Hillscheid 16 (Fuck. Fl.). Wildenburg im Idarthal 29 (Bogenhard*); im Idarthale auf Quarzit (F. Schultz*).

Hiernach regellos zerstreut über einen Theil der Gebirge. (Fliegende Samen.) — Sonst durch Süd- und Mittel-Europa (nicht in England), Kleinasien, Caucasus, Mongolei. Südwestlich: Algier, Atlas.

.	.	.	.	.	.	.
8	.	.	.	12	.	.
15	16	17	.	.	.	.
22	.	24	25	.	.	.
29	.	.	.	.	.	.
.	.	.	39	.	.	.
.	44	45	.	.	.	.

Drosera rotundifolia.

Gieſsen 12 : am Philosophenwald, Sumpf nördlich von Groſs-Linden, Daubringer Haide. Güttersbach 40. Hengster-Sumpf 26. H. — (Heyer R. 43). Siegburg 1 (Becker*). Marburg 5 (Wender.*). Darmstadt 32 : Schnampelweg, Baierseich (n. Bauer). Bessungen 32 (n. Wagner). Soon- u. Hochwald 29. Laacher See 8 (Wirtg.*). Bergstraſse 39, nicht in Rheinhessen (n. Reifsig). — Pfalz 43, 44, 45, 46 : gemein (Schlz. S. 69) : sogar auf den *Felsen* der Berge. Höherer Westerwald 3, Amt Usingen : Altweilnau 18, Hasselbach 18, Feldberg 25, Altkönig 25, Wehen 24, Montabaurer Höhe 16 (Fuck. Fl.). Coblenz 15 (Löhr En.). Oberwald 13, Biedenkopf 4 (Heyer*). Groſs-Auheim 26, Steeten 25 (Wett. Ber. 1868, 80).

1	.	3	4	5	.	.
8	.	.	.	12	13	.
15	16	.	18	.	:	.
.	.	24	25	26	.	.
29	.	.	32	.	.	.
.	.	.	39	40	.	.
43	44	45	46	.	.	.

(unvollständig)

Ist wahrscheinlich ziemlich allgemein verbreitet, doch fehlt es an speciellen Angaben.

Echinops sphaerocephalus.

Friedberg 19 : Schloſsmauer, wenigstens seit 20 bis 30 J. sich erhaltend (n. W. Uloth). Schloſsgarten in Darmstadt 32, Laubach 12, Conradsdorf 19 (D. u. Scr. S. 253). Coblenz 15 : Moselflesche (Wirtg. Fl.). Burg Sayn 8 (Wirtg.*). Staudernheim am Dissibodenberg 30, W. Isenburg 8 (Neinhaus*). Burg Sayn 8 (Bach).

Echinospermum Lappula (Lapp. Myosotis M.).

Münzenberg 19. Amöneburg : *Basaltfels* 5. Guntersblum 39. Sauer-Schwabenheim 31. Ober-Ingelheim 31. Westhofen 38. Oestlich von Mettenheim 39. H. — Ramholz 21 (n. C. Reufs). Eberstadt 32 (nach Bauer). Darmstadt 32 (n. Wagner). Kreuznach 30 (n. Polstorf 1851). — Pfalz : fast auf der ganzen *Rheinfläche*, z. B. bei Schwetzingen 46 *(Sand)*, zw. Frankstein 44, Hardenburg 45 und Dürkheim 45, Maxdorf 45, Frankenthal 46 auf *Weinbergen* u. s. w., zw. Kallstadt 45, Freinsheim 45 und Worms 39, von da bis Darmstadt 32, Alzey 38, Mainz 31, Nieder-Ingelheim 24, Bingen 30 (hier bes. in *Nadelwäldern!*); Sobernheim 30, Staudernheim 30, Odernheim 30 (Schlz. S. 306). Waghäusel 46, St. Ilgen 46 (Poll. 1863, 185).

1	.	.	.	5	.	.
8	.	.	.	.	.	.
15	16	.	.	19	.	21
.	.	24	25	.	.	.
29	30	31	32	.	.	.
.	.	38	39	.	.	.
.	44	45	46	.	.	.

Kirn 29 (Wirtg.*). Rheinpreufsen bes. bis zum Siebengebirg abwärts 1 (Wirtg. Fl.). Coblenz 15, Mosel- 15, Ahrthal 8 (Löhr En.). Okriftel 25, Hochheim 25, Biebrich 24, unteres Lahnthal 16 (Fuck. Fl.).

Hiernach im mittleren und unteren Niveau des Rheingebiets; sporadisch auf den Basaltkegeln von 5 und 19. Isolirt auf Muschelkalk? 21. (Zwei Zugrichtungen. Haftende Samen.)

Elymus europaeus.

Giefsen 12 : Hangelstein, Lollarer Koppe, Lindener Mark. Oes auf dem Hausberg .18. H. — Hochstadt 26 (n. Theobald). Vogelsberg 13, Steinerwald zwischen Gedern und Wenings 20, Donnersberg 37, Kreuznach 30 (Dosch und Scriba S. 78). — In der Pfalz von Schulz (S. 555) nicht erwähnt. — Rheinpreufsen zerstreut (Wirtg. Fl.). Hanau 26 (Löhr En.). Fehlt in Nassau (Fuck. Fl.). Driedorf 10 (Wirtg.*).

.	.	.	.	.	.	.
.	.	10	.	12	13	.
.	.	.	18	.	20	.
.	.	.	.	26	.	.
.	30	.	.	.	.	.
.	37	.	.	.	.	.
.	.	.	.	.	.	.

Hiernach überwiegend in Gebirgen, besond. Vogelsberg und Donnersberg, stellenweise herabsteigend.

Empetrum nigrum.

Vogelsberg 13 : Oberwald auf der Goldwiese : Heide zwischen Taufstein und Landgrafenbrunnen, nordwestlich vom grofsen Abzugsgraben (H. 1877). Niederrhein, hohes Venn, Rhön, Harz u. s. w.

Hochmoore des Jura und der höheren Alpen. Sonst arctisch, circumpolar: Grönland, Taimyrland, Spitzbergen 80°; Südgrenze Alpen und Pyrenäen.

Epilobium tetragonum.

Giefsen 12 : Fufs der Lollarer Koppe. Klingelflufs. Stolzenmorgen. H. — (Hey. R. 135). Marburg 5 (Wender.*). Rehbachthal 31 (nach Reifsig). Pfalz : fast überall (Schlz. 154). Coblenz 15 (Löhr En.). Oestrich 24, Okriftel 25, Lorsbach 25, Reichelsheim 19, Weilburg 10 : Gänsberg, Roth 3, Diez 17 : Langenscheider Thal, Auringen 24 (Fuck. Fl.). Hiernach ganz zerstreut im Gebiete.

Epimedium alpinum.

Schiffenberg bei Giefsen 12 : im Walde gegen Nord, dicht am Schlosse (Landmann, 1876). Laubacher Wald 12 (n. C. Heyer 1851). Am Buchrainweiher bei Offenbach 26 angepflanzt (Rufs*). Obermühle 11, Taufstein 13 (Hey. R. 16). — Wohl angepflanzt.

Epipactis palustris (longifolia Sz.).

Ockstadt 19, Erdhausen 4, Wifsmar 11 (Hey. R. 369). Giefsen 12 : *Torfwiese* unter dem Philosophenwald. Lindener Mark, Udebornwiese w. am Rödchener Kopf. H. — Anneröder Wald 12 (nach Eckhard). Bei Münzenberg 12 (n. H. Meyer). Königsbrunnen im Sachsenhäuser Wartforste 26 (n. Wolf u. Seiffermann). Caldern 5 (n. Heldmann). Rofsdorf 33 (n. Wagner). Scharrmühle bei Nieder-Dorfelden 26 (n. Theobald). — Pfalz : Westlich von Stambach 43, früher bei Zweibrücken 43, Kreuznach 30; gemein zwischen Bingen 30 und Mainz 24, 31; *Sand der Nadelwälder* bei Gonsenheim 31, sehr häufig; von Mainz 31 über Darmstadt 32 auf der ganzen Rheinfläche nach Worms 39, Sanddorf 39, Frankenthal 46, Lambsheim 45, Maxdorf 45, Dürkheim 45, Eppstein 45, Forst 45, Friedelsheim 45, Mutterstadt 46, Schwetzingen 46, Waghäusel 46, Ruppertsberg 45, Mufsbach 45 (Schlz. S. 453). Nassau nicht selten (Fuck. Fl.). Rheinpreufsen (Wirtg. Fl.). Marburg 5, Hanau 26 (Wender. Fl.). Sinzig 8, Laacher See 15 (Hildbd.*).

			4	5		
8			11	12		
15				19		
		24		26		
	30	31	32	33		
			39			
43		45	46			

(unvollständig)

Hiernach zerstreut durch die unterste und mittlere Etage des Gebiets. Sehr accommodativ. (Hauptzugrichtung.)

Epipogum Gmelini (aphyllum Sw.).

Arnsburger Wald 12 : dicht neben der Chaussée am Petersee (n Graf F. zu Solms-Laubach). Schiffenberg (C. Heyer) v. s. Dillenburg 3 : in der Ebhardt neben der Kronbuche (Fuck. Fl.). Forst zu Ober-Mendig 15 (Wirtg. Fl.). Hochstein bei Mayen 15 (Wirtg. Reisefl.). Laacher Wald 15 (Wolf*). Forstberg 15 (Blenke*).

Hiernach sehr vereinzelt durch das nördliche Gebiet.

Equisetum sylvaticum.

Giefsen 12 : östlich von Garbenteich, Hubertsbrunnen, Hangelstein. Rebgeshain 13. Allertshausen 12. Maulbach 6. Darmstadt 32 : Brunnersweg. Löhnberg 10. Mehrenberg 10. Steinebach 9. Nisterbrücke 9. Zinhain 9. Rodenberg 10. Angersbach 14. Frauennauses 33. Rimbach 40. Fürth 40. Südwestl. von Schlierbach 40. Oestl. v. Rockenberg 19. Eckartsborn 20. Aschaffenburg 34. Ober-Affenbach 34. Friebershausen 4. Eifa 6. N. v. Rimbach 7. Queck 7. Niedermoos 21. Krossenbach 21. Wirtheim 27. Kircheip 1. Arzheim 16. Mündersbach 9. Ransbach 9. Sterbfritz 21. Kilians-Herberge 13. Dirlammen 13. Wohnfeld 13. Weickhardshain 12 : *Wiese*. Marbach 5. Ranstadt 20. Mengerskirchen 10. Rotzenhahn 9. H. — Hanau, Offenbach, Frankfurt 26 (Rufs*). Schiffenberg und Hangelstein bei Giefsen 12 (Dillen.*). Darmstadt 32, Heidelberg 46 (Dosch u. Scriba*). — Pfalz : fast überall (Schlz. S. 560). Rheinpreufsen (Wirtg. Fl.).

1	.	.	4	5	6	7
.	9	10	.	12	13	14
.	16	.	.	19	20	21
.	.	.	.	26	27	.
.	.	.	32	33	34	.
.	.	.	.	40	.	.
.	.	.	46	.	.	.

(unvollständig)

Hiernach sehr verbreitet in der Hügel- und Gebirgsregion des gröfsten Theiles des Gebietes. (Fliegende Samen.)

Equisetum Telmateja.

Zwischen Auerbach und Melibocus 39 mannshoch (nach W. Nau). Zwischen Enkheim und Bergen 26, Schlüchtern 21, Ahlersbach 21 (Casseheer). Hausen 25, Rödelheim 25 (Becker*). Heppenheim 39 (Schnittspahn*). Braubach 16 (Röhling*). Gorxheimer Thal 46

(A. Braun*). Zwischen Alsbacher Schloſs u. Zwingenberg 39 (Bauer*). Siebengebirg 1 (Hildbd.*). — Pfalz: v. Niederbronn: unter 44 bis Neustadt 45 an der Hardt stellenweise; zw. Leimen u. Rohrbach 46 und am Ochsenbacher Hof, Schriesheim 46, Weinheim 46 (Schlz. S. 559). Nahethal 30, Frankfurt 26 (Poll. 1863, 283). Durch Rheinpreuſsen (Wirtg. Fl.).

Hiernach sehr sporadisch an wenigen Stellen der niederen und Hügelregion.

1	.	.	.	.	.	.
.	.	.	.	.	.	.
.	16	.	.	.	.	21
.	.	.	25	26	.	.
.	30	.	.	.	.	.
.	.	.	39	.	.	.
.	.	45	46	.	.	.

Erica Tetralix.

Südöstl. von Uckerath 1. Kircheip 1. H. — Hengster 26 (n. Fresenius). Sumpfiger Waldboden um Usingen 18 (Vogel*). Marburg 5 olim (Wender.*). Siegburg 1 (E. Brühl) v. s. N. von Linz 8 und der Ahr 8; um das Siebengebirg 1, Westerwald bei Dierdorf 9, Altenkirchen 2 (Wirtg. Fl.). Fehlt in Nassau (Fuck. Fl.). Nicht in der Pfalz angegeben (Schultz Fl. 295).

Hiernach in den Sümpfen der unteren Rheingegend in der Niederung und auf höheren Lagen; von da nach Westphalen. Sporadisch in 18 und dem Hengster-Sumpfe 26. — Ferner am Bodensee u. s. w. (Löhr En. 438).

1	2	.	.	5	.	.
8	9	.	.	.	.	.
.	.	.	18	.	.	.
.	.	.	.	26	.	.
.	.	.	.	.	.	.
.	.	.	.	.	.	.

Erigeron canadensis.

S. die Arealkarte 1 (1879).

1 Nieder-Wöllstadt. 2 Stockstadt. 3 Amorbach. Kirchzell. 4 Buchen. 5 Worms. Monsheim. 6 Kreuznach. 7 Elsheim. 8 Bischofsheim. 9 Otzberg. 10 Gorxheim. Eulenburg. 11 Büdingen. 12 Leidhecken. 13 Mömlingen. 14 Eberbach. Hirschhorn. 15 Nieder-Ramstadt. 16 Balkhausen. 17 Nordöstl. von Heppenheim. Kirschhausen. 18 Wilhelmsbad. Frankfurt. Kelsterbach. Rüsselsheim. Darmstadt. 19 unter Laufach. 20 Alzenau. Kahl. 21 Heisterbach, Honnef. 22 Urberach, Messenhausen. 23 Hochstädter Thal. 24 Heidesheim, Gonsenheim. 25 unterhalb Gerolstein. 26 Aulhausen. 27 Bingen. 28 Kempten. 29 Rothenbergen. 30 Rückingen. 31 Dattenfeld. 32 Siegburg. 33 Weiſsenthurm. 34 Pfaffenhausen auf *Kohlenmeiler*. 35 Frammersbach. 36 Partenstein. 37 Neu-

stadt, Rothenfels, Hafenlohr. 38 Markt-Heidenfeld. 39 Rettersheim. 40 Wertheim, Oedengesäfs. 41 Villmar. 42 Wiesenbach. 43 Pirmasenz. 44 Dürkheim. 45 Winden. 46 Marienborn. 47 Nieder-Olm. 48 Alzey. H. 49 Kaichen (Hörle*). 50 Ramholz (n. C. Reufs). 51 Rofsdorf (nach Wagner). — Pfalz : fast überall (Schlz. S. 222). Scheint im Amt Dillenburg und Herborn zu fehlen (Fuck. Nassau 1856; Hey. R. 199). Salzschlirf 14. H. Kaiserslautern 44 (Trutzer*).

Hiernach ganz regellos zerstreut durch einen grofsen Theil des Gebiets. Hat fliegende Samen und ergreift rasch Besitz von neu aufgebrochenem, von anderen Pflanzen noch unbesetztem Boden; scheint aber auch bald wieder verdrängt zu werden.

Die Einwanderung dieser Pflanze in Europa ist neueren Datums, nach 1655 und vor 1724 (vgl. Leers fl. herborn. spec 634. — Dillen. Giss. 160. — Linné sp. plt. ed. Richter 819. — A. de Cand. géog. bot. rais. 703, 726). Kam in einem ausgestopften Vogelbalg nach Europa; 1655 in botan. Gärten, zu Linné's Zeit bereits verwildert in Süd-Europa.

Von den Floristen der baltischen Länder führt sie zuerst Timm an 1788; bei Weigel 1769 fehlt sie noch. (S. E. Boll, Flora von Mecklenburg-Strelitz im Archiv des Ver. f. Freunde der Nat.-Gesch. in Mecklenburg 1849, H. 3, S. 79). Ja 1857 am Ili (Centralasien Lat. 43, Long. Ferro 96) von Semenow gesammelt.

Eriophorum gracile.

Queckborn 12 (Hey. R. 398). Tiefenbach bei Friedelhausen 5 (1857). H. — Nördl. von Grofs-Linden 12, Münzenberg östl. von der Junkermühle 12 (n. C. Heyer). Hengster bei Weiskirchen 26, Mannheim 46, Sanddorf 39, Wisselsheim 19 (D. u. Scr. S. 100). — Pfalz : Rheinfläche bei Waghäusel 46, Mufsbacher Wald 45, Maxdorf 45, Studernheim 46; Kaiserslautern 44, Miesau 43, Homburg 43, Zweibrücken 43, Höh-Eischweiler nordwestl. von Pirmasenz 43, Wilgartswiesen 44 (Schlz. S. 493). Zwischen Neustadt 45 und Speyer 46, Landstuhl 43, Pirmasenz unter 43 (Poll. 1863, 256). Elkenroth im Westerwald 2 (Wirtg. Fl.). Manderbach 3 und Ebersbach 3 Amt Dillenburg (Fuck. Fl.). Neu-Hafslau 26 (Rufs*).

		2	3		5		
					12		
					19		
					26		
			39				
43	44	45	46				

Hiernach ganz zerstreut durch die Sümpfe der unteren und mittleren Höhenstufe bis 1100—1500′ p : Elkenroth. (Hauptzugrichtung der Sumpfvögel).

Eriophorum vaginatum.

Früher bei Giefsen (Hey. R. 399). Oberwald 13 : Goldwiese, H; Kleiner Forellenweiher (v. Heldmann 1851 entdeckt). Taunus 25;

Hanauer Ebene 26 : sehr gemein in der Bulau (n. Theobald). Neunkircher Höhe 40, Crumbach 40, Erbach 40 (D. u. Scr. S. 100). — Pfalz: Vogesias fast überall, z. B. Edenkoben 45, Kaiserslautern 44, von da durch die Moore südwestlich : Einsiedel 43, Kindsbach 43, Landstuhl 43, Bruchmühlbach 43, Miesau 43, Homburg 43 (Schlz. S. 492). Zwischen Deidesheim 45 u. Weidenthal, Wachenheimer Roſssteige 45, Forst? 45 (Poll. 1863, 255). Hunsrück 22?, früher bei Laach 15, Siegburg 1 nach Norden (Wirtg. Fl.). Westerwald: Hachenburg 2, zw. Feldberg und Altkühn 25 (Fuck. Fl.).

1	2	.	.	.	.	.
.	.	.	.	12	13	.
15	.	.	.	.	.	.
(22)	.	.	25	26	.	.
.	.	.	.	.	.	.
.	.	.	.	40	.	.
43	44	45	.	.	.	.

Hiernach auf Sümpfen im obersten und mittleren Niveau der Gebirge; stellenweise auch herabsteigend 26, 1. (Fliegende Samen.)

Erucastrum Pollichii (Brassica P., S-z.).

S. Arealkarte : Bot. Ztg. 1865. Beil. Karte 5.

Nachträge.

Guntersblum 39. Osthofen 38. Lay 15. Mailust nordwestl. von Coblenz 15. Heddesdorf 8. Irlich 8. Rheinbrohl 8. H. — Kaiserslautern 44 (Trutzer*). Darmstadt 32. Rheinpreuſsische Fluſsthäler bis 500 F. (Wirtg.*).

Das frühere Arealbild wird hierdurch nicht wesentlich geändert. — Geht durch ganz Mittel-Europa.

Eryngium campestre.

Arealkarte : Bot. Zeitg. 1865. Beil. Karte 6.

Nachträge.

Zwischen Münzenberg und Griedel 19, Bellersheim 12. H. — Grüningen 12, Salzhausen 20, Staden 19 (D. u. Scr. S. 374). Markt-Heidenfeld 42, Lengfurt 42, Triefenstein 42, Rettersheim 42, Kreuzwertheim 42, Wertheim gegen Vockenroth, Rheinbrohl 8, Leubsdorf 8, Andernach 8, Fahr 8, Leutersdorf 8, Nieder-Bieber 8, Neuwied 8, Lay 15, Winningen 15 : auf Schiefer, Moselweiſs 15, Coblenz 15, Weiſsenthurm 15, Saffig 15, Bassenheim 15, Kruft 15, im lichten Laubwald vor Laach, Abtei Laach 15, östl. von Wassenach 8. Siegburg 1, Alten-Bamberg 37, Unkenbach 37, Obermoschel 37, Hochstätten 37, Alsenz 37, Alsheim 38, Dienheim 32.

Durch diese, obgleich ziemlich zahlreichen, Nachträgen wird, wenn man sie neben die früheren einträgt, was bemerkenswerth ist, zwar die Dichtheit der Localitäten wesentlich vergröſsert, die Physiognomie und Vertheilung des Areals auf keine Weise verändert.

Geht durch ganz Süd- und Mittel-Europa (inclus. England und Süd-Schweden) bis Caucasus, Ural, Orient; südwestlich Algier.

Eryngium planum.

Giefsen 12 : Hefslar an der Lahn (stammt wohl aus dem botanischen Garten von Giefsen oder Marburg). Rödelheim 25 in Bretano's Garten (Nidda, n. C. Reufs). Eberstein im Bieberthal 11 (wohl durch C. Heyer angepflanzt). (Hey. R. 155). Wetzlar 11 (Lambert*).

Erysimum cheiranthoïdes.

Giefsen 12 : Stadtgärten und Feld, Hardt, Rödchen, vor Wieseck. Niederweisel 19. Darmstadt 32. W. von Bickenbach 39. Griesheim 32. Offenbach 26. Mörfelden 32. Bockenheim 25. Traishorloff 19. Leidhecken 19. Nieder-Ramstadt 32. Berstadt 19. Ilbenstadt 19. Watzenborn 12. Freiweinheim 24. Laasphe 4. Westl. bei Biedenkopf 4. Rückingen 26. Rettersheim 42. Wertheim 42. *Ulrichstein* 13 H. — Frankfurt 26, Hanau 26 (Dill.*). Kaichen 19 (Hörle*). Kirchhain 5 (Wender.*). Rofsdorf 33 (n. Wagner). Ried 32, Rheinhessen 31 (n. Reifsig). Bockenheim 25 (n. C. Reufs). Pfalz : Kaiserslautern 44 (Trutzer*). Rheinfläche und benachbarte Hügel sehr gemein 45, 38 ; Westrich bei Zweibrücken

			4	5		
				12	13	
15				19		
		24	25	26		
		31	32	33		
		38	39			42
43	44	45				

(unvollständig)

43 (Schlz. S. 44). Nassau nicht selten (Fuck. Fl.). Rheinpreufsen u. s. w. (Löhr En.). Coblenz 15 (Wirtg.*).

Hiernach sehr verbreitet durch die niedere uud mittlere Etage des Gebietes; sporadisch auf dem Hochpunkte 13. (Hauptzugrichtung. Ackervögel.)

Erysimum orientale (perfoliatum).

Westl. von Bickenbach 39. H. — Kreuznach 30 (n. Polstorf). Staudernheim 30. H. Wolfskehlen 32 (n. Bauer). Rehbachthal 31 (n. Reifsig). Durch Rheinhessen, im Ried 32, und längs der Bergstrafse häufig (D. u. Scr. S. 433). Hanau 26, Schlüchtern 21 (Wett. Ber. 1868, 49). — Pfalz : Zweibrücken 43 : Muschelkalk; Glan-u. Nahe-Gegend 36, 29, 30; von Mainz bis Kirchheimbolanden 31, 38; Rheinfläche von Worms 39 bis Lambsheim 45, Maxdorf 45, Oggersheim 45, Laden-

8						
						21
		24	25	26		
29	30	31	32			
36		38	39			
43	44	45	46			

burg 46, Heidelberg 46 (Schlz. S. 46). Rheinthal von Landau bis Bingen 30 (Poll. 1863, 110). Berghausen bis Speyer 46 (Ney*). Lorsbach 25, Langenhain 25, Oestrich 24, Wiesbaden 24 (Fuck. Fl.). Ahrthal 8 (Löhr En.). Kaiserslautern 44 (Trutzer*).

Hiernach im südwestlichen Gebiet (Pfalz) in der niedersten und mittleren Stufe des Rheinsystems; isolirt auch weiter nordwärts 8, und in der unteren Maingegend 25.

Erysimum strictum fl. Wett. (hieracifolium).

Boos 30 (1864). Hüffelsheim 30. Alsenzthal bei Münster 30. H. — Mombach 24 (n. Reifsig). Main bis Mainz 25, Weissenau 31, Frankfurt 26, Offenbach 26, Aschaffenburg 34, Griesheim 32, Bickenbach 39 : nach den Torfgruben; Kreuznach 30 (D. u. Scr. S. 432). — Pfalz : Bingen 30 bis 24 Mainz 31; Freienweinheim 24 (Schlz. S. 45). Rheinthal 23 (Wirtgen*). Nassau: Main- 25 u. Rheinufer (Fuck. Fl.). Hanau 26, Coblenz 15, Neuwied 8, Hammerstein bei Linz 8 (Löhr En.). Rheinufer bis Wesel (Wirtg. *).

Hiernach nur im niedersten Horizonte des Mains und der Nahe und von da rheinabwärts. Isolirt bei Bickenbach 32.

.	.	.	.	.	.	.
8	.	.	.	.	.	.
15	.	.	.	.	.	.
.	23	24	25	26	.	.
.	30	31	32	.	34	.
.	.	.	.	.	.	.
.	.	.	.	.	.	.

Erysimum virgatum Roth.

Zwischen Ludwigshafen und Mannheim 46 (n. Gerlach 1853). Zw. Mainz 31, Budenheim 24 und Heidenfahrt 24, Ebernburg bei Kreuznach 30, Bingen 30, zw. Mannheim 46 u. Mundenheim, Kreuznach 30 (D. u. Scr. S. 432). Frankfurt 25 : Rebstock (Becker). — Pfalz : Von Bingen bis Mainz bes. Hardtmühle u. Mombach 24 (Schlz. S. 45). St. Goar 23, Engers 8 (Wirtg.*). Lurley bis Oberwesel gegenüber 23, Schlofs Wertheim 42 (Löhr En.). Rheinufer bei Schierstein 24, St. Goarshausen 23 (Fuck. Fl.). Sohle des Rheinthals 23, Irlich 8 (Wirtg.*). Boppard 16 (Bach).

.	.	.	.	.	.	.
8	.	.	.	.	.	.
.	16	.	.	.	.	.
.	23	24	25	.	.	.
.	30	31	.	.	.	.
.	.	.	.	.	42	.
.	.	.	46	.	.	.

Hiernach ganz zerstreut und nur an wenigen Stellen des Gebiets, in der niederen Region.

Erythraea Centaurium·

Variirt bei Offenbach (26) auch weifsblüthig (n. Lehmann). Gedern 20. Herchenhain 13. Giefsen 12 : Stolzemorgen, Lindener Mark, Burkhardtsfelden; Römerhügel b. d. Ganseburg, Leihgestern, Langd, Arnsburg. Güttersbach 40. Bieber 26. Dannenfels 37. Rödelheim 25. Nieder-Seemen 20. Büches 20. Gauberg 19. Launspach 11. Südwestl. von Ernstthal 48. Unterschönmattenwag 47. Dianaburg bei Darmstadt 32. Schlofs Starkenburg 39. Wilhelmsbad 26. Schweinheim 34. Oberbesenbach 34. Königsberg 11. Grofs-Rechtenbach 11. Honnef 1. Hof Haina 11. Fellingshausen 11. Albach 12. Annerod 12. Oberndorf 28. Partenstein 35. Neustadt a. Main 35. Vockenroth 42. Bersrod 12. H. — Marburg 5 (Wender.*). Kaichen 19 (Hörle*). Rofsdorf 33 (n. Wagner). — Pfalz : fast überall (Schlz. S. 303). Rheinpreufsen (Wirtg. Fl.). Nassau häufig (Fuck. Fl.). Kreuznach 30 (n. Polstorf). Kaiserslautern 44 (Trutzer*). Gonsenheim 31 (n. v. Reichenau). Annweiler : unter 44. H.

1	.	.	.	5	.	.
.	.	.	11	12	13	.
.	.	.	.	19	20	.
.	.	.	25	26	.	28
.	30	31	32	33	34	35
.	37	.	39	40	.	42
43	44	.	.	47	48	.

(unvollständig)

Scheint durch das ganze Gebiet verbreitet zu sein.

Erythraea pulchella Fr. (ramosissima P.).

Giefsen 12 : Dorfgill, Allendorf a. Ld., Eberstadt, Neuhof bei Leihgestern, Hangelstein. Friedberg 19. Leeheim 32. Rockenberg 19. Wisselsheimer Salzwiese 19. Traishorloff 19 : Salzwiese am Sauerbrunnen. Berstadt 19. KirchVers 4. Salzschlirf 14: Hahn 33. Weidenhausen 11. H. — (Hey. R. 259). Marburg 5 (Wender.*). Kaichen 19 (Hörle*). Ramholz 21 (n. C. Reufs). Grofszimmern 33, Ried 32 (n. Bauer). Sachsenhäuser Ziegelhütte 26, Mainufer nach Niederrad 25 (n. Wolf u. Seiffermann). — Pfalz : fast überall (Schlz. S. 303). Rheinpreufsen (Wirtg. Fl.). Nassau häufig (Fuck. Fl.). Kreuznach 30 (n. Polstorf). Oberolmer Wald 31 (nach v. Reichenau).

.	.	.	4	5	.	.
.	.	.	11	12	.	14
.	.	.	.	19	.	21
.	.	.	25	26	.	.
.	30	31	32	33	.	.
.	.	.	.	.	.	.
.	.	.	.	.	.	.

(unvollständig)

Scheint durch das ganze Gebiet verbreitet zu sein.

Euphorbia Cyparissias.

S. Arealkarte in Bot. Zeitg. 1865. Beil. Karte 7.

Es sind etwa 100 neue Standorte seit der Publication der obigen Arealkarte notirt worden. Es hat kein Interesse, sie alle einzeln aufzuführen, da im Ganzen das frühere Bild kaum geändert wird. Sie betreffen besonders den nordwestlichen Theil von Nassau bis zur Sieg, ferner den Westrich.

Die Pflanze *fehlt* nur (und zwar ziemlich vollständig) im *Basalt*gebiete (Westerwald und Vogelsberg im weiteren Sinne, in letzterem mit Ausnahme des Niddathales); ferner im Devon-System an der Lahn (Giefsen—Marburg westlich), dem flözleeren Kulm R. Ludwig's.

Im Ganzen eine Pflanze des lockeren und dabei leichter erwärmbaren Bodens beliebiger Formationen; in des Eifel zwischen dem Moseberg und Henkelsmoor in einem Torfmoor über Basalt. Durch ganz Mittel- und Süd-Europa.

Euphorbia dulcis.

Angeblich früher im Hangelstein bei Giefsen 12 (Hey. R. 330). Südwestl. von Seidenbuch 39. H. — Neue Promenade in Wetzlar 11 (n. Lambert). Karlshof bei Darmstadt 32 (n. Reifsig). Darmstadt 32 : Kranichstein; Messel 33, Traisa 32, längs der Bergstrafse 39 bis Heidelberg 46 (D. u. Scr. S. 478). — Pfalz : Schriesheim 46, Kreuznach 30 (Schlz. S. 402). Wiesloch 46 (Poll. 1863, 221). Rheinpreufs. Gebirge, bes. Moselthal (Wirtgen Fl.). Winningen 15, Coblenz 15, Heisterbach 1, Rolandseck 1 (Löhr En.). Dillenburg 3, Breitscheid 3, Haiger 3, Herborn im Beilstein 10, Hadamar 10, unteres Lahnthal 16 (Fuckel Fl.). Siegen 3 (Engstfeld*). Siebengebirg 8 (Hildebrand*).

1	.	3	.	.	.	.
8	.	10	11	(12)	.	.
15	16	.	.	.	.	.
.	.	.	.	.	.	.
.	30	.	32	33	.	.
.	.	.	39	.	.	.
.	.	.	46	.	.	.

Hiernach ganz zerstreut durch verschiedene niedere und mittlere Gebirge des Gebietes; auf den höchsten sowie in den Flufsniederungen fehlend.

Euphorbia Esula.

Bischofsheim 32. Afsmanshausen 23. Lay a. d. Mosel 15. Lorch 23 : Rhein. Kempten 30. Wachenheim 38. Dittelsheim 38. Güls 15. Leutesdorf a. Rhein 8. Rheinbrohl 8. Ariendorf 8 (Rhein). Neuwied 8. Engers a. Rhein 8. H. — Treisa 32 (n. Wagner). Durch Rheinhessen, das Ried 32 und am Main 25 gemein (D. u. Scr. S. 479). — Pfalz :

Rheinfläche bei Otterstadt 46, Speyer 46, über Oggersheim 46, Mannheim 46, Darmstadt 32, Worms 39, Oppenheim 32, Nierstein 31 bis Mainz 31 u. Bingen 24, 30; zw. Worms 39, Alzey 38 und Oppenheim 31 : Thäler der Tertiärkalkhügel (Schlz. S. 404). Kreuznach 30 (Poll. 1863, 221). Rheinpreufsen : durch die Hauptthäler (Wirtg. Fl.). Nassau : Main- u Rheinthal 25, 24. Wiesbaden 24, Hadamar 10 (Fuck. Fl.). Fulda 14 (Lieblein*). Hanau 26 (Fl. Wett.).

.	.	.	.	.	.	.
8	.	10	.	.	.	14
15	.	.	.	.	.	.
.	23	24	25	26	.	.
.	30	31	32	.	.	.
.	.	38	39	.	.	.
.	.	.	46	.	.	.

Hiernach ausschliefslich in den untersten Etagen des Rheinthales und seiner Nebenflüsse.

Euphorbia exigua.

Giefsen 12 : Hefslar, Klein-Linden, gegen Rödchen, Steinberg, Steinbach, Beuern, Dorfgill, Holzheim, Rockenberg, Annerod, Leihgestern, Watzenborn. Biebesheim 39. Oppenheimer Schlofsberg 31. Rehbachthal 31. Leeheim 32. Pfiffligheim 38. Bennhausen 38. Wonsheim 38. Pfaffen-Schwabenheim 31. Elsheim 31. Südwestl. von Butzbach 18. Langd 19. Berstadt 19. Södel 19. Rimbach 40. *Neunkirchen* 40. Nieder-Modau 33. Zwingenberg 39 Balkhausen 39. W. von Rödelheim 25. Effolderbach 19. Heegheim 19. Salzschlirf 14. Kaichen 19. Winzenhohl 34. Soden im Spessart 34. Aschaffenburg 34. Grofs-Rechtenbach 11. Reiskirchen 11. Blasbach 11. Hochstätten 39. Nieder-Selters 17. Kirberg 17. Burg-Schwalbach 17. Katzenellenbogen 17. Miehlen 16. Laurenburg 16. Oberndorf 11. Grofsen-Eichen 13. Ostheim 19. Pfaffenwiesbach 18. Gerolstein 23. Eliseuhöhe bei Bingen 30. Oestl. von Rhein-

.	.	.	.	5	.	.
.	.	.	11	12	13	14
.	16	17	18	19	.	21
.	23	.	25	.	.	.
.	30	31	32	33	34	35
.	.	38	39	40	.	42
.	.	.	.	.	48	.

(unvollständig)

böllen 23. Boos 30. Waldböckelheim 30. Wörrstadt 31. Nassau 16. Fachbach 16. Untershausen 16. Stahlhofen 16. Südl. von Ramholz 21. Hafenlohr 35. Lengfurt, Triefenstein 42. Rettersheim 42. Wertheim 42. Oedengesäfs 42. Steinbach 42. Rüdenthal 42. Hardheim 42. S. von Walldürn 48. Buchen 48. Monsheim 38. H.— Kaichen 19 (Hörle*). Ramholz 21 (n. C. Reufs). Rofsdorf 33 (n. Wagner). — Pfalz : fast überall gemein (Schlz. S. 405). Rheinpreufsen (Wirtg. Fl.). Nassau häufig (Fuckel Fl.). Marburg 5 (Wender.*).

Hiernach wahrscheinlich durch das ganze Gebiet und über alle Höhenschichten verbreitet.

Euphorbia falcata.

Dienheim 32. Ried westl. von Darmstadt 32: Leeheim. Pfiffigheim 38. Monsheim 38. Bobernheim 38. Bosenheim 30. Rothenfels 35 : am Main. Wertheim 42 : am Main. H. — Mainspitze 32 (n. Lehmann). Angeblich bei Nauheim 19 (Heldmann). Ginsheim 32 (n. Theobald). Zeil und Landgraben bei Griesheim 32 (n. Reifsig). Durch Rheinhessen und im Ried 32 gemein : bes. Alzey 38, Odernheim 31, Flonheim 31, Ginsheim 32 (D. u. Scr. S. 479). — Pfalz : Rheinfläche von Rödersheim 45, Assenheim 45 und Speyer 46 bis Mainz 39, 32, 31 und Bingen 24, 30; aufwärts bis Kreuznach 30 (Schlz. S. 405). Schifferstadt 46, Stockstadt 32 (Poll. 1863, 221). Herxheim 45 (Böhmer*). Boppard 16 (Wirtg. Fl.). Coblenz 15 (Wirtg. Reisefl.). Neuwied 8 (Löhr En.)? Lahnstein 16 (Fuck. Fl.). Boppard 16 (Bach).

.	.	.	.	.	.	
8	.	.	.	.	.	
15	16	.	.	19	.	.
.	.	24	.	.	.	.
.	30	31	32	.	.	35
.	.	38	39	.	.	42
.	.	45	46	.	.	.

Hiernach nur in der näheren Umgebung des Rheins, an den Nebenflüssen stellenweise weit aufwärts 35, 19.

Euphorbia Gerardiana.

Darmstadt 32. Griesheim 32. Nieder-Ingelheim 31. Geisberg bei Ober-Ingelheim 31. Sauer-Schwabenheim 31. Bensheim 39. Goldstein 25. Gehspitz bei Kelsterbach 25. Schönberg 40. Ober-Ingelheim 31 (Kiefernwald). Unter-Freiweinheim 31. Heddesdorf 8. H. — Ramholz 21 (n. C. Reufs). Frankfurter Forsthaus 25 (n. Wolf u. Seiffermann). Von Hanau 26 bis Bingen : 25, 24, 30 (n. Lehmann). Steinheim 26; Mombach 24 (n. Theobald). Gemein in Starkenburg und Rheinhessen (D. u. Scr. S. 479). — Pfalz : Rheinfläche von Deidesheim 45, Schwetzingen 46, Heidelberg 46 stellenweise bis Darmstadt 32, Mainz 31 und Bingen 30; Tertiärkalkhügel bei Forst 38, Dürkheim 45, Grünstadt 45, Oppenheim 31, Kreuznach 30 (Schlz. S. 403). Neustadt 45, nach Pollich früher einmal bei Kaiserslautern 44 (Poll. 1863, 221). Schifferstadt 46, Mutterstadt 46 (Schlz.*). Ober-Wesel 23 (Bach Fl.). Ganzes Rheinthal, Mosel 15, unteres Ahrthal 8 (Wirtg. Fl.). Mainthal bis Würzburg aufwärts 26, 34, 41, 42, 35 (Wirtg. Reisefl.). Schwanheimer Wald 25, Nieder-Lahnstein 16; linkes Rheinufer sehr häufig (Fuck. Fl.).

.	.	.	.	.	.	
8	.	.	.	.	.	
15	16	.	.	.	.	21
.	23	24	25	26	.	.
.	30	31	32	.	34	35
.	.	38	39	40	41	42
.	(44)	45	46	.	.	.

Hiernach sehr verbreitet in der näheren Umgebung des Rheins und seiner Nebenflüsse, am Main weit aufwärts. Isolirt 21.

Euphorbia Lathyris.

```
.  .  .   .   .   .  .
.  .  11  .   13  .  .
.  .  .   .   20  21 .
.  .  .   .   .   .  .
.  .  .   .   .   .  .
.  .  .   40  .   .  .
.  .  .   .   .   .  .
```

Gedern 20 : Schlofsgarten (1853). Altneudorf 47. H. — Ramholz 21 (n. C. Reufs). Gleiberg 11 (n. Mettenheimer 1852). Reichelsheim 40, Rodenstein 40, Schotten 13 (D. u. Scr. S. 480). Rheinpreufsen einzeln Verwildert (Wirtg. Fl.). Nassau cultivirt (Fuck. (Fl.).

Gartenflüchtling, ganz Vereinzelt Verwildert.

Euphorbia palustris

Bei Langen 33 (n. Münch) : auf dem Buchen; Laubenheimer Wiesen 31 (n. Reifsig). Am Rhein und Main 25 häufig; Virnheim 46, Weinheim 46, Heidelberg 46, Grofs-Zimmern 33, Dieburg 33 (D. u. Scr. S. 479).

```
.  .   .   .   .   .  .
8  .   .   .   .   .  .
.  16  .   .   .   .  .
.  23  .   25  26  .  .
.  30  31  32  33  .  .
.  .   .   39  .   .  .
.  .   45  46  .   .  .
```

— Pfalz : Rheinfläche zwischen Neustadt 45, Iggelheim 45, Speyer 46, Neckerau 46 bei Mannheim, Ludwigshafen 46, Oggersheim 46, Maxdorf 45, Eppstein 45, Lambsheim 45, Erpolzheim 45, Frankenthal 46, Roxheim 39, Wormser Busch 39, Worms 39, Oppenheim 32, Nierstein 31, Mainz 31, Ried 32, Kreuznach 30 (Schlz. S. 402); nicht im Gebirge. — Dürkheim 45, Bingen 30 (Poll. 1863, 221). Einzeln durch das Rheinthal von Bingen bis unter Köln (Wirtg. Fl.). Oberwesel 23, Braubach 16, Neuwied 8 (Löhr En.). Boppard 16 (Bach Fl.). Nassau : nur im Rheinthal (Fuck. Fl.). Seckbach 26, Enkheim 26 (Becker*).

Hiernach nur in der Rhein-Niederung und am Unterlaufe einiger Nebenflüsse.

Euphorbia platyphyllos.

Westl. von Bickenbach 39. Bensheim 39. H. — Heldenbergen 26 : Pfingstweide (Hörle*). Rofsdorf 33 (n. Wagner). Laubenheim 31,

Bodenheim 31, Budenheim 24, Ginsheim 32, Trebur 32, Landgraben bei Griesheim 32 (n. Reifsig). Häufig durch Rheinhessen 38, 31, von der Bergstrafse 39 bis zum Rhein 39, am Main 25, Nauenheim an der Lahn 11, Rodheim 11, Eberstadt 12 (D. u. Scr. S. 478). — Pfalz: Rheinfläche fast überall 46, 45; Nahegegenden 30, 29; Zweibrücken 43 (Schlz. S. 401). Rheinpreufsen (Wirtg. Fl.). Nassau nur im Rheinthale 23, 16 (Fuck. Fl.).

.	.	.	.	.	.	.
.	.	.	11	12	.	.
.	16	.	.	.	.	.
.	23	24	25	26	.	.
29	30	31	32	33	.	.
.	.	38	39	.	.	.
43	.	45	46	.	.	.

Hiernach nur in der Rhein- und Main-Niederung und mittlere Lahn bei Giefsen. Isolirt 43.

Euphorbia stricta.

Bosenheim 30. Marnheim 38. Südöstl. von Afsmannshausen 30. H. — Kühkopf bei Stockstadt 32, Heidelberg 46 (D. u. Scr. S. 478). — Pfalz: Rheinfläche und Rheininseln: fast überall, besond. Mannheim 46: Relaishaus und Neckarauer Wald; Ludwigshafen 46, Roxheim 39, Kreuznach 30 (Schlz. S. 402). Von Hahnenbach bis Steinkallenfels bei Kirn 29 (Wirtg.*). Rheinpreufsen durch alle gröfseren Thäler (Wirtg. Fl.). Braubach 16, Lorch 23, Wisperthal 23, Ems 16, Nieder-Lahnstein 16 (Fuck. Fl.).

.	.	.	.	.	.	.
.	.	.	.	.	.	.
.	16	.	.	.	.	.
.	23	.	.	.	.	.
29	30	.	32	.	.	.
.	.	38	39	.	.	.
.	.	.	46	.	.	.

Hiernach nur im niedersten Niveau des Rheingebiets; an der Nahe sporadisch weiter aufsteigend 29.

Euphrasia lutea.

Arealkarte : Oberhess. Ges. Ber. 13 (1869). T. 3.

Nachträge.

Odernheim 31: auf dem Petersberg; Bornheim 38; Wonsheim 37 (D. u. Scr. S. 348).

Das frühere Arealbild wird hierdurch nicht geändert. — Die Pflanze geht durch Süd- und Mittel-Europa (nicht in England) bis zum Caucasus; südwestlich Algier.

Falcaria Rivini.

Arealkarte : Bot. Ztg. 1865. Beil. Karte 8.

Nachträge.

Hardt bei Giefsen 11. Schlüchtern 21. Langenselbold 26. Hafenlohr 35. Hardheim 41. Worms, westl. 38. Mettenheim 38. Odenbach 36. Meisenheim, südwestl. 36. Obermoschel 37. Alten-Bamberg, Hochstätten 37. Fachbach 16. Bassenheim 15. Saffig 15. Kruft 15. Neuwied 8. Irlich 8.

Durch diese neuen Standorte wird das früher gezeichnete Areal nur insoweit verändert, dafs eine unbedeutende *Vergröfserung* durch einige Punkte in folgenden Richtungen stattfindet : Kinzigthal, Mainthal, nördl. von Walldürn. Der Gesammteindruck bleibt derselbe. — Geht durch ganz Süd- und Mittel-Europa (nicht in England) bis Südschweden; südöstl. an's caspische Meer, östl. Sibirien, südwestl. Algerien.

Farsetia incana (Allyssum L., Berteroa i. DC.).

Giefsen : Hardt 11, unter Luzerne (1872). Eich 39. Darmstadt 32 : Exercierplatz. Bischofsheim 32. Grofs-Gerau 32. Dürkheim 45. Römerhof bei Rödelheim 25. Tönnisstein 8. H. — Griesheim 32 : im *Kiefernwalde*; Gonsenheim 31, Mombach 24, Budenheim 24 (n. Reifsig). Durch Starkenburg u. Rheinhessen; im Odenwalde fehlend (D. u. Scr. S. 426). Hanau 26, Wisselsheim 19 (Wett. Ber. 1868, 58). — Pfalz : ganze Rheinfläche 46; bes. Mainz 31, Speyer 46, Queichthal bis Annweiler 45 (Schlz. S. 50). Von Kreuznach 30 bis Bingen 30 (Poll. 1863, 111). Rhein- und Moselthal 23, 16, 15, 8 (Wirtg.*). Nassau nur im Main- 25 u. Rheinthale 24, 23 (Fuck. Fl.). Rheinthal und alle Nebenthäler bis Bonn (Wirtg.*).

1	.	.	.	.	.	.
8	.	.	11	.	.	.
15	16	.	.	19	.	.
.	23	24	25	26	.	.
.	30	31	32	.	.	.
.	.	.	39	.	.	.
.	.	45	46	.	.	.

Hiernach fast ausschliefslich im unteren und mittleren Niveau der Rheingegend. (Zugrichtung. Ackervögel).

Festuca heterophylla.

Giefsen 12 : Lindener Mark. Oberkleen 11 : Kalkhügel. H. — Kaichen 19 (Hörle). Taufstein 13 (nach Heldmann). Marburg 5 (Wender.*). Hanau 26 : sandige Wälder (nach Theobald). Oden-

— 110 —

.	.	.	.	5	.	.
.	.	.	11	12	13	.
15	.	.	18	19	.	.
.	.	24	25	26	.	.
.	30	.	.	.	.	.
.	.	.	.	40	.	.
43	44	.	46	.	.	.

(unvollständig)

wald 40, Taunus 25, Nahe-Gebiet 30 (D. u. Scr. S. 67). — Pfalz : Zweibrücken 43, Kaiserslautern 44, Wald-Leiningen 44, Kreuznach 30, Heidelberg 46 (Schlz. S. 548). Waghäusel 46, Schwetzingen 46 (Poll. 1863, 278). Coblenz 15 (Wirtg. Fl.). Im Billstein über dem Audenschmieder Weiher 18, Wiesbaden 24 (Fuck. Fl.). Sonnenberg 24 (Wacker*).

Hiernach ganz zerstreut durch die Gebirge und Niederungen des Gebiets. — Wahrscheinlich vielfach übersehen.

Festuca Pseudo-Myuros S-W. (F. Myuros auct. Vulpia.)

Giefsen 12 : Trieb, Luthers Eiche, Ganseburg, Burkhardsfelden, Badenburg; Sieben Hügel 11, Hardt 11.

1	.	.	.	5	.	.
8	.	.	11	12	.	.
15	.	.	.	19	.	.
.	.	.	.	26	.	.
.	.	.	32	.	34	.
.	.	.	.	.	.	.
.	.	.	.	.	.	.

(unvollständig)

Nauheim 19. Aschaffenburg 34. Hessenthal 34. Kahl 26. H. — (Hey. R. 434). Marburg 5 (Wenderoth*). Darmstadt 32 : Exercierplatz, Ziegelteich, Steinbrüche an den 3 Brunnen (nach Bauer). — Pfalz : fast überall (Schlz. S. 546). Karthause zu Coblenz 15 (Wirtg. Fl.). Nassau stellenweise (Fuck. Fl.). Siegburg 1, Landskrone 8 (Hildbd.*).

Hiernach anscheinend nur wenig verbreitet.

Festuca sciuroides R. (bromoides auct.).

.	.	.	.	5	.	.
.	.	.	11	12	.	.
15	16	.	18	19	.	.
.	23	24	25	26	.	.
29	30	.	32	.	.	.
.	.	.	.	.	41	.
43	44	.	.	.	.	.

(unvollständig)

Giefsen 11 : Weddenberg, Sieben-Hügel, Krofdorf, Hardt Vor dem Schiffenberger Walde, Badenburg, Annerod 12. Rödelheim 25 : Sandweg. Ottorfszell 41. Ernstthal 41. H. — (Hey. R. 434). Marburg 5 (Wender.*). Darmstadt 32, Offenbach 26, Nahethal 30, 29, Rheinthal 23, 16, Mainthal 25, 26, Wetterau 19 (D. u. Scr. S. 69). Pfalz : fast überall, z. B. Homburg 43, Kaiserslautern 44 (Schlz. S. 546). Zweibrücken 43, Bingen 30, Sobernheim 30 (Poll. 1863, 277). Karthause bei Coblenz 15 (Wirtg. Fl.). Langenbacher Mühle 18, Oestrich 24 (Fuckel Fl.). Siegburg 1 (Hildebrand*).

Hiernach sehr zerstreut durch das niedere und mittlere Niveau des Rheinsystems.

Festuca sylvatica Vill.

Giefsen 12 : Lindener Mark. Salzböde 12. H. — Nidda 20 (Hey. R. 436). Oberwald im Vogelsberg 13 (n. Heyer) v. s. Bergstrafse 39, im ganzen Odenwald 40, Donnersberg 37, ganze Nahethal 29, 30, Frankfurter Wald 25, Taunus 25 (D. u. Scr. S. 67). — Pfalz : Auerbach 39, Zwingenberg 39, Heidelberg 46, Schriesheim 46, Speyer 46, Neustadt 45, zw. Frankenstein und Hochspeyer 44, Hagelgrund bei Kaiserlautern 44, Steinbach am Donnersberg 37 : z. B. Wildsteiner Thal und am grauen Thurm; Kreuznach 30 (Schlz. S. 548). Katzenloch 29 (Wirtg.*). Von Bitsch bis Mölschbach 44 (Schlz.*). Rheinpreufsen (Wirtg. Fl.). Coblenz 15 (Löhr En.) Untere Lahn 16 (Fuckel Fl.).

.	.	.	.	.	.	.
.	.	.	.	12	13	.
15	16	.	.	.	20	.
.	.	.	25	.	.	.
29	30	.	.	.	.	.
.	37	.	39	40	.	.
.	44	45	46	.	.	.

Hiernach zerstreut über sehr verschiedene Gebietstheile und auf allen Höhestufen.

Filago germanica (Gnaphal. g. W.).

Giefsen 12. Krofdorf, Sieben-Hügel 11. Gambach 12. Bieberthal 11. Hettingenbeuern 48. Römerhof bei Rödelheim 25. Eisenbach 34. Obernburg 34. Erlenbach 41. Weilbacher Hammer 41. Stallenkandel 40. Bodenrod 18. Bonbaden 11 Nassau 16. Ennerich 17. H. — (Hey. R. 206). Kaichen 19 (Hörle*). Bessungen 32 (n. Bauer). Niederolmer Wald bei Mainz 31 (n. Reifsig). — Pfalz : überall (Schlz. S. 227). Horchheim 16 : V. canescens (Wirtg. Fl.). Nassau : häufig (Fuck. Fl.). Stellenweise durch ganz Hessen (D. u. Scr. S. 251). — Kurhessen überall 5 (Wender. Fl.). Kaiserlautern 44 (Trutzer*).

.	.	.	.	5	.	.
.	.	.	11	12	.	.
.	16	17	18	19	.	.
.	.	.	25	.	.	.
.	.	31	32	.	34	.
.	.	.	.	40	41	.
.	44	.	.	.	48	.

(unvollständig)

Hiernach scheint diese Pflanze allgemein verbreitet zu sein.

Fragaria collina.

Arnsburg, Schiffenberg bei Giefsen 12. Burkhardsfelden 12, Hausberg 18. H. — (Hey. R. 115). Marburg 5 (Wender.*). Durch Rheinhessen und den sandigen Theil von Starkenburg, längs der Bergstrafse 37; um Giefsen 12 : Wiesecker Wald, Garbenteich, Pohlheimer Wäldchen, Steinbach, Lich, Grofsen-Busecker Hohberg; hinter dem Dünsberg 11; Laubach 12, Hinterland 4 (D. u. Scr. S. 518). Griesheimer Tanne 32 (Schu.*). — Pfalz : Rheinfläche, z. B. zwischen Maxdorf 45 und Fraukenthal 46, Mannheim 46; Dürkheim 45, stellenweise bis Mainz 31 und Bingen 30 (Schlz. S. 137). Die *var. Ehrhartii* : zahlreich von Ludwigshafen 46 bis 39, 32 Mainz 31 (Schlz.*). — Hardt bei Kreuznach 30 (Schlz.*). Edenkoben 45 bis Bingen 30 im Rheinthal; Kreuznach 30 (Poll. 1863, 136). Winningen 15, Coblenz 15 (Löhr En.). Nassau oft sehr häufig (Fuck. Fl.). — Rebstock bei Frankfurt 25 (Schmitz*).

.	.	.	4	5	.	.
.	.	.	11	12	.	.
15	.	.	18	.	.	.
.	.	.	25	.	.	.
.	30	31	32	.	.	.
.	.	.	39	.	.	.
.	.	45	46	.	.	.

(unvollständig)

Hiernach ist die Pflanze vorzugsweise durch die Rheinniederung verbreitet, ferner in der weiteren Umgebung von Giefsen. Scheint oft übersehen. (Hauptzugrichtung. Beerenfresser.)

(Wird fortgesetzt).

VI.

Vorläufiger Bericht über hornblende-führende Basalte.

Von **Hermann Sommerlad**.

Unter den Basaltgesteinen der Rhön, des Westerwaldes, Taunus und Vogelsberges besitzen solche, die sich durch porphyrisch ausgeschiedene Hornblenden auszeichnen, eine weitere Verbreitung und erregen besonderes Interesse. Eine ziemlich grofse Anzahl dieser Gesteine habe ich der makroskopischen wie mikroskopischen, einige von ihnen auch der chemischen Untersuchung unterworfen und gedenke ich ihre genauere Beschreibung demnächst der Oeffentlichkeit zu übergeben. Hier sollen nur die Resultate meiner Arbeit mitgetheilt werden.

1) Die Gesteine, welche bei makroskopischer Betrachtung eine meist sehr dichte dunkle Grundmasse aufweisen, in welcher aufserordentlich zahlreiche, stark glänzende Hornblenden eingebettet liegen, gehören nach der mikroskopischen Untersuchung zu den Feldspathbasalten. Trikline Feldspathleistchen, Augit und sehr reichlich vorhandenes Magneteisen bilden ein Gesteinsgewebe von vorwiegend feinkörniger Mikrostructur, aus welchem nufsbraune, dichroïtische Hornblenden, blafsröthliche oder -grünliche Augite und meist wasserhelle Olivine porphyrisch hervortreten. Eine Glasbasis war nur sehr vereinzelt zu beobachten. Aufser den angegebenen Bestandtheilen führen manche Vorkommnisse der Rhön Nephelin,

jedoch in geringer Menge. Dieses Mineral tritt indefs nie in scharf begrenzten Krystalldurchschnitten in den Dünnschliffen auf, sondern erscheint als helle rundliche Flecken, die zwischen gekreuzten Nicols Aggregatpolarisation zeigen und sich durch ihr Verhalten zu Salzsäure als Nephelin zu erkennen geben.

2) Der interessanteste Gemengtheil, die Hornblende, weist in den Dünnschliffen in der Regel makroporphyrische, nicht selten jedoch auch mikroporphyrische Durchschnitte auf und scheint die Rolle eines mehr als blofs accessorischen Bestandtheiles zu spielen. Ganz aufserordentlich charakteristisch sind für sie die abgerundeten Krystallumrisse, wodurch sie im Gegensatz zu den Augitdurchschnitten stehen, welche stets scharf contourirt sind. Mehrere beobachtete Thatsachen, auf welche ich hier nicht näher eingehen kann, machen es wahrscheinlich, dafs die Hornblende ein ursprünglicher Gemengtheil unserer Basalte ist, welcher sich am frühesten aus dem Magma ausgeschieden hat.

3) Die hornblendeführenden Basalte der oben genannten Gebirge können wir als eine Unterabtheilung der Feldspathbasalte betrachten, für welche ich den von Gutberlet zum ersten Mal für die Rhönvorkommnisse gebrauchten Namen „Hornblendebasalt" beibehalten möchte. Ein hierher gehöriges Gestein aus der Rhön (vom Todtenköpfchen bei Gersfeld), welches neben Nephelin etwas Glimmer führt, scheint einen Uebergang von den Feldspathbasalten zu den olivinführenden Tephriten, den Basaniten, anzubahnen.

4) Die Hornblendebasalte, die auf der Rhön ihre weiteste Verbreitung besitzen, bilden hier, wie auch schon Gutberlet und Sandberger beobachteten, nie hohe Kuppen, sondern kommen in kleineren Ausbrüchen vor und finden sich häufig am Fufs hornblendefreier Basaltkegel anstehend. Sie sind, wie sich diefs wenigstens auf der Rhön und im Vogelsberg nachweisen läfst, älteren Ursprungs als die hornblendefreien Basalte.

5) Von einer Anzahl hornblendeführender Basalte, die mir aus Sachsen und Böhmen zur Untersuchung zu Gebote

standen, lassen sich nur ganz wenige mit den Hornblendebasalten identificiren; die meisten scheinen anderen Typen anzugehören.

6) Die chemische Untersuchung hat gezeigt, dafs die Hornblendebasalte ziemlich basischer Natur sind. Der Kieselsäuregehalt steigt nicht über 44 Proc. Sehr grofs ist die Menge des Eisens, welches hauptsächlich als Oxyd vorhanden ist. Der Natrongehalt schwankt zwischen 2,71 und 3,25 Proc., der Kaligehalt zwischen 1,36 und 1,54 Proc. Nur wenige Rhönvorkommnisse zeigen bei der Behandlung mit Salzsäure ein geringes Gelatiniren.

7) Die Gesteine vom Beuelberg bei Kircheip, S. O. des Siebengebirges, und von Naurod bei Wiesbaden, welche nur vereinzelte, jedoch sehr grofse Hornblenden und muschligen Augit führen, keinen Feldspathgemengtheil erkennen lassen, dagegen grofse Mengen von Olivin enthalten, gehören nicht zu den Basalten, sondern zur Gruppe der tertiären Pikritporphyre.

Eingegangen bei der Direction der Gesellschaft am 5. Mai 1881.

Anlage A.
Verzeichnifs der Akademien, Behörden, Institute, Vereine und Redactionen, welche von Ende Juni 1880 bis Ende Juli 1881 Schriften eingesendet haben.

Altenburg : Naturforschende Gesellschaft. — Mitth. aus dem Osterlande. N. F. I. 1880.

Amsterdam : K. Akademie van Wetenschappen. — Versl. en Meded. Afd. Natuurk. (2) 15. Letterk. (2) 9. Jaarboek 1879. — Proc. Verb. Mai 1879 bis Apr. 1880. — Naam en Zaakregister Afd. Nat. K. D. I—XVII. — Satira et Consolatio. 1880.

Amsterdam : K. zoologisch Genootschap „Natura Artis Magistra." Catalogus der Bibliotheek. 1881.

Annaberg-Buchholz : Verein f. Naturkunde.

Augsburg : Naturhistorischer Verein.

Aufsig : Naturwissenschaftlicher Verein.

Bamberg : Naturforschende Gesellschaft.

Basel : Naturforschende Gesellschaft.

Batavia : Bat. Genootschap van Kunsten en Wetenschappen.

Batavia : K. Natuurk. Vereeniging in Nederl. Indie. — Natuurk. Tijdschrift D. 39.

Belfast : Nat. History and philosophical Society (Belfast Museum). — Proceedings 1878—80.

Berlin : K. Preufs. Akademie der Wissenschaften. — Monatsber. Jg. 1880 März bis Decbr. 1881 Jan. bis März.

Berlin : Gesellschaft für Erdkunde. — Zeitschr. B. 15, H. 3 bis 6. B. 16, H. 1. — Verh. B. 7, Nr. 4—10 und Extranummer. B. 8, Nr. 1—3. — Mitth. d. Afrikan. Ges. B. 2, H. 2. 3. 4.

Berlin : Gesellschaft naturforschender Freunde. — Sitzungsber. 1880.
Berlin : Botanischer Verein der Provinz Brandenburg.
Berlin : Verein zur Beförderung des Gartenbaues in Preufsen. Monatsschrift Jg. 1880.
Berlin : Deutsche geolog. Gesellschaft. — Zeitschr. B. 32, H. 1. 2. 3. 4. B. 33, H. 1.
Bern : Schweizerische Naturforschende Gesellschaft. — Verh. 63. Brieg.
Bern : Naturforschende Gesellschaft. — Mitth. 1880.
Berwick : Berwickshire Naturalist's Club. — Proceed. 1879. 1880. (Vol. III, p. 2.)
Besançon : Société d'Emulation du Doubs. — Mém. (5) T. 4.
Bistritz, Siebenbürgen : Direction der Gewerbeschule. — Jahresber. 6. 1880.
Bologna : Accademia delle Scienze. — Memorie T. 10, F. 3. 4. (4) T. 1. Preisfragen 1880. — Indici gen. 1871—79.
Bonn : Naturhistor. Verein der preufs. Rheinlande und Westfalens. — Verh. Jg. 36, H. 2; 37, H. 1.
Bonn : Landwirthschaftl. Verein f. Rheinpreufsen. — Zeitschrift Jg. 1880. 1881.
Bordeaux : Société des Sciences physiques et naturelles. — Mém. (n. S.) (2) T. 4. cah. 1. 2.
Bordeaux : Société Linnéenne.
Boston : Mass. State Board of Health. — Ann. Rep. I. Suppl. 1880. XI. 1879.
Boston : Society of Natural History. — Mem. Vol. III. p. 1. Nr. 3. — Proceed. Vol. 20, p. 2, 3. — Occas. Papers III. (Crosby Geol. of Eastern Mass. 1880).
Boston : Amer. Acad. of Arts and Sciences. — Proceed. n. S. vol. VI. 1879. vol. VII. 1880. vol. VIH. p. 1. 1881.
Braunschweig : Verein für Naturwissenschaft. — Jahresber. 1879/80.
Bremen : Geographische Gesellschaft. — Deutsche geogr. Blätter B. 4, H. 1. 2.
Bremen : Naturwissenschaftl. Verein. — Abhandl. B. 7, H. 1. 2. Beilage N. 8.

Bremen : Landwirthschaft-Verein f. d. bremische Gebiet. — Jahresber. Jg. 1880.
Breslau : Schlesischer Forstverein.
Breslau : Schlesische Gesellschaft f. vaterländische Cultur. — Jahresber. 57, 1879.
Breslau : Verein f. schles. Insektenkunde. — Zeitschr. f. Entomologie N. F. H. 7.
Breslau : Central-Gewerbverein. — Breslauer Gewerbeblatt. Jg. 1880, 1881.
Bristol : Naturalists' Society. — Proceed. N. S. Vol. I, p. 1—3. Vol. II, p. 1—3. Vol. III, p. 1.
Brünn : kk. Mährisch-schles. Gesellsch. zur Beförderung d. Ackerbaues, der Natur u. Landeskunde. — Mitth. Jg. 1880.
Brünn : Naturforschender Verein. — Verh. B. 18.
Brüssel : Académie R. des Sciences, des Lettres et des Beaux-Arts. — Annuaire 1879—81. — Bulletin T. 46 bis 50.
Brüssel : Société R. de Botanique de Belgique. — Bull. T. 19, I, f. 1.
Brüssel : Académie R. de Médecine de Belgique. — Mém. couronnés T. 6, F. 1. 2. — Bull. T. 14, N. 5 bis 11. T. 15, N. 1 bis 6.
Brüssel : Société malacologique de Belgique. — Annales T. 12. — Proc. verb. T. 8. 9. 10. 2. Apr., 7. Mai.
Brüssel : Société entomologique de Belgique. — Cpt. rnd. Ser. III, Nr. 1—6. — Annales Bgn. d—f. p. XLI bis XCVI. — Schlufs. — Assemblée gén. 1880.
Caen : Société Linnéenne de Normandie.
Cambridge, Mass. : Museum of Comparative Zoology, at Harvard College. — Bullet. Vol. V, Nr. 11—14. Vol. VI, Nr. 8, 9—11. Vol. VII, 1880. Vol. VIII, Nr. 1. 2. 3. 4 (bis p. 284). — Ann. Rep. 1879—80. — Nekrolog von L. F. de Pourtalès.
Carlsruhe : Naturwissenschaftlicher Verein. — Verh. H. 8.
Carlsruhe : Verband rhein. Gartenbauvereine. — Rheinische Gartenschrift, red. Noack. Jg. 15.

Cassel : Verein f. Naturkunde. — Ber. 26 u. 27. 1880.
Catania : Academia Gioenia di Scienze naturali.
Chemnitz : Naturwissenschaftl. Gesellschaft.
Cherbourg : Société nationale de Sciences naturelles. — Mém. T. 22.
Christiania : Videnskabs-Selskabet. — Fortegnelse 1878. Register 1868—77.
Christiania: K. Norske Universitet. — Sars Bidr. t. Kundskaben om Norges arktiske Fauna I. 1878. — Kjerulf om Stratifikationens Spor. 1877. — Schneider Enumerat. Insect. Norv. fasc. 5. p. 1. 1880. — Norges officielle Statistik 1879. C. Nr. 4, 5, 1877; 5, 1878. 5^b. — Sars Carcinolog. Bidr. til Norges Fauna (I Mysider, 3. Heft) 1879.
Christiania : Meteorologiske Institut. — Norweg. N. Atlant. Exped. 1876—78. — 1) Collett, Zoology. 2) Tornoe, Chemistry. 3) Danielssen und Koren, Gephyrea.
Chur : Naturforschende Gesellsch. Graubündens. — Jahresber. N. F. Jg. 22. 1877/78. Jg. 23 u. 24.
Cincinnati : Soc. of nat. history. — Journ. Vol. 4. N. 1. 2.
Colmar : Soc. d'Hist. nat. — Bull. 20 u. 21 années.
Columbus, Ohio : Staats-Ackerbau-Behörde v. Ohio.
Danzig : Naturforschende Gesellsch. — Schriften N. F. B. 5, H. 1, 2. — Danzig in naturwiss. u. med. Beziehung. 1880.
Darmstadt : Verein f. Erdkunde u. verwandte Wissenschaften. — Notizbl. III. Folge. H. 17. 18. IV. F. H. 1.
Davenport, Jowa : Acad. of Nat. Sciences.
Dessau : Naturhistor. Verein f. Anhalt.
Dijon : Acad. des Sciences, Arts et Belles-Lettres.
Donaueschingen : Verein f. Geschichte u. Naturgeschichte der Baar und der angrenzenden Landestheile.
Dorpat : Naturforscher-Gesellschaft. — Archiv f. d. Naturkunde Liv-, Ehst- und Kurlands. II. Ser. B. 9, Lf. 1. 2. — Sitzungsberichte B. 5, H. 3.
Dresden : Naturwissenschaftl. Gesellschaft „Isis." — Sitzungsber. Jg. 1880.
Dresden : Verein f. Erdkunde. — Jahresber. 16, 17, 1878 bis 80. — Nachtr. zu 17 Jb.

Dresden : Gesellsch. für Natur- und Heilkunde. — Jahresber. 1879—80. 1880—81.
Dublin : R. Geological Society of Ireland.
Dürkheim a. H. : Pollichia.
Edinburg : Botanical Society. — Transact. and Proceed. Vol. XIII, p. 3. XIV, p. 1.
Elberfeld : Naturwiss. Verein. — Jahresber. 2.
Emden : Naturforschende Gesellsch. — Jahresber. 64. 65.
Erfurt : K. Academie gemeinnütziger Wissenschaften. — Jahrbücher N. F. H. 10.
Erlangen : Physikalisch-medicinische Societät. — Sitzungsber. H. 12.
Florenz : R. Biblioteca nazionale. — Eccher, Sulla teoria fisica dell' Elettrotono nei nervi. — Derselbe, Sulle forze elettromotrizi sviluppate dalle soluzioni sahne. — Tommasi, Ricerche sulle formole dicostituzione dei composti ferrici. Parte 1ª. — Cavanna, Ancora sulla Polimelia nei Batraci Anuri. Sopra alcuni visceri del Gallo cedrone. — Meucci, Il Globo celeste arabico del secolo XI. — Parlatore, Tavole per una anatomia delle piante aquatiche. 1881. — Grassi, Clinica ostetrica. 1880. — Pacini, Colera asiatico. 1880.
Florenz : Soc. entomologica italiana. — Bulletino ao. XII, 2. 3. 4. XIII, 1. — Resoconti 1880.
Frankfurt a. M. : Senckenbergische Naturforschende Gesellschaft. — Abh. XII, 1. 2. — Ber. 1879—80.
Frankfurt a. M. : Physikalischer Verein. — Jahresbericht 1878/79. 1879/80.
Frankfurt a. M. : Aerztlicher Verein. — Jahresber. Jg. 22, 1878. 23, 1879. — Statist. Mitth. über d. Civilstand d. St. Frankfurt i. J. 1878—79.
Freiburg i. Br. : Naturforschende Gesellsch. — Berichte über d. Verh. B. 7, H. 4.
Fulda : Verein f. Naturkunde. — Ber. 6. 1880.
Genua : Società di Letture e conversazioni scientifiche. — Giornale Ao. IV. 7—12. V. 1—6.

Gera : Gesellsch. von Freunden der Naturwissenschaften.
Görlitz : Oberlausitzische Gesellsch. d. Wissensch. — N. Lausitzisches Magazin B. 56, H. 1, 2. B. 57, H. 1.
Görlitz : Naturforsch. Gesellschaft.
Göttingen : K. Gesellsch. der Wissenschaften. — Nachrichten Jg. 1880.
Graz : Academ. naturwissenschaftl. Verein.
Graz : Naturwissenschaftl. Verein für Steiermark. — Mitth. Jg. 1880.
Graz : K. K. Steiermärkische Landwirthschaftsgesellschaft. — Der steirische Landbote Jg. 9, 1880.
Graz : Verein der Aerzte in Steiermark. — Mitth. XVI, 1879.
Graz : K. K. Steierm. Gartenbau-Verein. — Mitth. Jg. IV, Nr. 25. 26. 27.
Greifswald : Naturw. Verein v. Neuvorpommern u. Rügen. — Mitth. Jg. 12.
Groningen : Natuurkundig Genootschap. — Versl. 1880.
Halle a. S. : Kais. Leopoldinisch-Carolinische Akademie der Naturforscher. — Leopoldina H. 15 Schlufs, H. 16 bis Nr. 12.
Halle a. S. : Naturforschende Gesellsch. — Bericht 1879. — Abh. B. 15, H. 1.
Halle a. S. : Naturwissensch. Verein f. Sachsen u. Thüringen. — Zeitschr. für die gesammten Naturwissenschaften. Red. Giebel. 3. Folge B. 5, 1880.
Halle a. S. : Verein f. Erdkunde. — Mitth. 1880.
Hamburg : Geograph. Gesellschaft. — Neumayer und O. Leichhardt : Dr. L. Leichhardt's Briefe an s. Angehörigen. 1881.
Hamburg-Altona : Naturwissenschaftlicher Verein. — Verh. 4, 1879. — Abhandl. B. 7, Abth. 1.
Hamburg : Verein für naturwissenschaftl. Unterhaltung.
Hanau : Wetterauische Gesellschaft.
Hannover : K. Thierarzneischule. — Jahresber. XII. XIII.
Hannover : Naturhistor. Ges. — Jahresber. 29 u. 30, 1880.
Hannover : Geograph. Gesellschaft. — Jahresber. 1, 1879.
Harlem : Musée Teyler. — Archives Vol. V, T. 2. (2) T. 1.

Heidelberg : Naturhist. Medic. Verein. — Verh. N. F. B. 2, H. 5.
Helsingfors : Finska Vetenskaps-Societet. — Bidr. till Kännedom af Finl. Nat. och Folk, H. 32. — Öfversigt af Förh. — Observat. mét. 1878. — Acta T. XI.
Herford, Westfalen : Verein f. Naturwissenschaft.
Hermannstadt : Siebenb. Verein f. Naturwissenschaften. — Verh. Jg. 30.
Jena : Medicinisch-naturwissenschaftl. Gesellsch. — Jenaische Zeitschr. f. Medicin u. Naturwissenschaft. — Sitzungsber. 1880.
Innsbruck : Ferdinandeum für Tirol u. Vorarlberg. — Zeitschr. III. F. H. 24. 25.
Innsbruck : Naturwissenschaftlich-medic. Verein. — Ber. Jg. 10, 1879. 11, 1880/81.
Kiel : Naturwissenschaftl. Verein für Schleswig-Holstein. — Schriften B. 4, H. 1.
Klagenfurt : Naturhistor. Landesmuseum von Kärnten. — Jahrb. H. 14.
Königsberg : K. physikalisch ökonom. Gesellsch. — Schriften. Jg. 20, 2. 21, 1.
Kopenhagen : K. Danske Videnskabernes Selskab. — Oversigt 1880, N. 2. 3. 1881, N. 1.
Kopenhagen : Naturhistorik forening. — Vidensk. Meddelelser 1879—80, H. 3.
Landshut : Botan. Verein.
Leipzig : K. Sächsische Gesellschaft der Wissenschaften.
Leipzig : Naturforschende Gesellschaft. — Sitzungsberichte Jg. 6, 1879. 7, 1880.
Leipzig : Fürstl. Jablonowskische Gesellschaft.
Leipzig : Verein f. Erdkunde. — Mitth. 1879.
Leipzig : Museum f. Völkerkunde. — Bericht 8, 1880.
Linz : Museum Francisco-Carolinum. — Bericht 38.
London : Anthropological Instit. of Great-Britain and Ireland. — Journ. Vol. 9, N. 4. Vol. 10, N. 1. 2. 3. — List of Members 1881.
London : R. Patent.-Office.

London : Geological Soc. — Quarterly Journ. N. 142. 143. 144. — List, Nov. 1880.
London : Linnean Soc. — Journ. Zool. 80—83. — Journ. Bot. 103—107. — List. 1879.
Lübeck : Gesellschaft zur Beförderung gemeinnütz. Thätigkeit. — Jahresber. d. Vorsteher der Nat. Sammlung in Lübeck 1879.
Lüneburg : Naturwiss. Verein.
Lüttich : Soc. géologique de Belgique. — Annales T. 6. — Jul. de Macar, Bassin de Liége. 4 Tff. 1 : 20,000.
Lüttich : Soc. R. des Sciences.
Luxemburg : Instit. R. Grandducal de Luxembourg.
Luxemburg : Soc. des sciences médicales.
Luxemburg : Botanischer Verein d. Grofsherzogthums Luxemburg.
Lyon : Acad. des Sciences, Belles-Lettres et Arts. — Mém. T. 23. 24. — Falsan et Chantre Monogr. géol. des anciens glaciers du terrain errat. du Rhône, Atlas. Lyon 1875.
Lyon : Société d'Études scientifiques. — Bull. T. 5, 1879.
Lyon : Soc. d'Agriculture d'Hist. naturelle et des Arts utiles. Annales 4 Ser. T. 10, 1877. 5 Ser. T. 1, 1878. T. 2, 1879. — Dr. Saint-Lager, Nomenclat. bot. Paris 1881.
Madison : Wisconsin Acad. of Sciences, Arts and Letters. — Transact. Vol. 4, 1878.
Magdeburg : Naturwiss. Verein.
Manchester : Litterary and Philos. Soc. — Mem. (3) Vol. 6. — Proceed. Vol. 16—19.
Mannheim : Verein f. Naturkunde.
Marburg : Gesellsch. zur Beförderung der gesammten Naturwissenschaften.
Melbourne : R. Society of Victoria. — Transact. Vol. 16.
Mexico : Museo Nacional.
Milwaukee, Wisc. : Naturhistor. Verein von Wisconsin.
Mitau : Kurländ. Gesellschaft für Literatur und Kunst. — Sitzungsber. 1879.

Moncalieri : Observatorio del R. Collegio Carlo Alberto. — Bull. meteorol. N. 15, 1 bis 11. Ser. II. Vol. I, N. 1. 3.

Montpellier : Acad. des Sciences et Lettres. — Mém. Sect. d. Sciences T. 9. F. 3. — Mém. Sect. de Méd. T. 5. F. 2.

Moskau : Soc. Imp. des Naturalistes. — Bull. 1880, Nr. 1. 2. 3. 4.

München ; K. Bayrische Academie der Wissenschaften. — Sitzungsber. Jg. 1880, H. 2. 3. 4. 1881, H. 1. 2. 3. — Buchner, Beziehungen d. Chemie zur Rechtspflege. 1875. — Gümbel, Geognost. Durchforschung Bayerns. 1877. — Baeyer, chem. Synthese. 1878. — Zittel, Geolog. Bau der libyschen Wüste. 1880.

Münster : Westfäl. Provinzialverein f. Wissenschaft u. Kunst. Jahresber. 1879.

Nancy : Société des Sciences. — Bull. (2) T. 4. F. 10. T. 5. F. 11.

Neapel : Zoologische Station. — Mitth. B. 2, H. 2. 3. 4. — Dritter Nachtrag z. Bibl. Katalog. 1881.

Neu-Brandenburg : Verein der Freunde der Naturgeschichte in Mecklenburg. — Jg. 34.

Newcastle-upon-Tyne : North of England Inst. of mining and mechan. Engineers. — Transact. Vol. 29.

Neuchatel : Soc. des Sciences naturelles. — Bullet. T. 12, cah. 1.

New-Haven, Conn. : Conn. Acad. of Arts and Sciences.

Newport, Orleans : Orleans Cty. Soc. of Nat. Sciences.

New-York : Academy of Sciences. — Vol. 1, N. 9—13.

New-York : Lyceum of Nat. History. — Annals Vol. XI, Nr. 13.

Nimes : Soc. d'étude des Sciences naturelles. — Bull. IX, Nr. 1. 2.

Nürnberg : German. Nationalmuseum. — Jahresber. 1879, 1880. Anzeiger 1879, 1880.

Nürnberg : Naturhistor. Gesellschaft.

Nymwegen : Ned. Botan. Vereeniging.

Odessa : Soc. des Naturalistes de la Nouvelle Russie (Neurussische Naturforscher-Gesellschaft). — Ber. Bd. 6, Lf. 1. 2. — Ber. d. math. Abth. B. 1. 2.

Offenbach a. M. : Verein f. Naturkunde. — Ber. 19—21.
Osnabrück : Naturwiss. Verein.
Padua : Soc. Veneto-Trentina di scienze nat. — Atti Vol. VI, fasc. 1. 2. VII, fasc. 1. — Bullet. 1880, N. 4, 5. 1881, N. 1.
Paris : Ecole Polytechnique. — Journ. T. 28, C. 46. 47. T. 29, C. 48.
Passau : Naturhistor. Verein.
Pesaro : Accad. agraria.
Pest : Magyarhoni Földtani Társulat (Ung. Geolog. Ges.). — Földtani Közlöny (Geolog. Mitth.) 1880, szám 4—12. 1881 szám 1—5.
St. Petersburg : Acad. Imp. des Sciences. — T. 26, N. 2. 3. T. 27, N. 1. 2.
St. Petersburg : K. Russ. entomolog. Ges. — Horae Soc. Ent. Ross. T. XV. 1879.
St. Petersburg : Kais. Gesellsch. für die gesammte Mineralogie.
St. Petersburg : K. Botan. Garten. — Acta horti Petropol. T. I—VII.
Philadelphia : Acad. of Nat. Sciences. — Proceed. 1879, P. 1—3. 1880, P. 1—3.
Philadelphia : Amer. Philos. Society. — Proceed. Vol. XVI, Nr. 99. Vol. XVIII, Nr. 104—106. Vol. XIX, Nr. 107. — List of Members 1880.
Pisa : Società Toscana di scienze naturali — Atti (Mem.) Vol. 4, fasc. 2. — Proc. verb. Nov. 14. 1880. Jan. u. März 1881.
Prag : K. Böhm. Ges. d. Wissenschaften. — Sitzungsber. 1879.
Prag : Naturhistor. Verein Lotos. — Jahrb. f. Naturwissensch. N. F. B. I. 1880.
Prag : Böhm. Forstverein. — Vereinsschrift für Forst-, Jagd- und Naturkunde Jg. 1880, H. 3. 4. 1881, H. 1.
Presburg : Verein für Natur- und Heilkunde. — Verh. N. F. H. H. 3. 4.
Regensburg : Zoolog.-mineralog. Verein. — Correspondenzblatt Jg. 33.
Reichenberg, Böhmen : Verein der Naturfreunde. — Mitth. Jg. 12. 1881.

Riga : Naturforschender Verein. — Correspondenzblatt Jg. 23.
Rom : Società Geografica Italiana. — Boll. (2) Vol. V, f: 6. ao. 14. Vol. V, 9. Sept., Oct., Nov., Dec. Vol. VI, f. 1 bis 6. — Mem. Vol. II, 2.
Rom : R. Comitato Geologico d'Italia. — Boll. ao. XI, 1880.
Rom : La Reale Accademia dei Lincei. — Transunti Vol. 4, fasc. 7. Vol. 5, fasc. 1—14. — Atti, (3) Mem. della Classe di Scienze fisiche, matematiche e naturali. B.5—8.
Salem : Peabody Academy of Science.
Salem : Mass. Essex Institute. — Bull. Vol. 11.
San Francisco : California Academy of Natural Sciences.
St. Gallen : Naturwissensch. Gesellsch. — Bericht 1878—79.
St. Louis : Acad. of Science. — Transact. Vol. 4, N. 1.
Sassari : Circolo di Scienze Mediche e Naturali. — Annuario Ao. I, f. 2. 1879.
Sondershausen : Verein zur Beförderung der Landwirthschaft. — Verh. Jg. 41.
Sondershausen : Botan. Verein „Irmischia". — Statuten und Correspondenzblatt 1880, N. 1—6.
Stockholm : K. Svenska Vetenskabs-Akademien.
Stockholm : Bureau de la récherche géologique de la Suède. Sveriges Geolog. Undersökning. Ser. Aa Nr. 73—79. Ser. Ab Nr. 6. Ser. C Nr. 36—44.
Stuttgart : K. statistisch-topographisches Bureau, Verein für Kunst u. Alterthum in Ulm und Oberschwaben, Württ. Alterthumsverein. — Vierteljahrshefte für Württemb. Gesch. u. Alterthumskunde, 1880.
Stuttgart : Verein für vaterländ. Naturkunde. — Württ. nat.-wiss. Jahreshefte Jg. 37.
Tokyo, Japan : Gesellschaft für Natur- u. Völkerkunde Ostasiens.
Trier : Gesellschaft f. nützl. Forschungen.
Triest : Società Adriatica di Scienze naturali. — Bollet. Vol. VI.
Tromsö, Norwegen : Museum. — Aarshefter III.
Ulm : Verein für Kunst und Alterthum in Ulm und Oberschwaben. — Münsterblätter B. 2.

Upsala : K. Wetenskaps-Societet. — Nova acta (III) X, f. 2. — Bull. mét. VIII, 1876; IX, 1877.

Utrecht : K. Nederl. Meteorologisch-Institut. — Ned. Met. Jaarboek 1879, XXXI, 1. 1880. XXXII, 1. — Observat. mét. 1876, Jg. 25. D. 2.

Washington : Smithsonian Institution. — Misc. Collect. Vol. 16, 17. — Rep. 1878. 1879. — Contributions to knowledge, Vol. 22.

Washington : Office N. S. Geological Survey of the Territories. — Ann. Rep. XI. (Idaho u. Wyoming) 1877. — Allen, NAm. Pinnipeds. 1880.

Washington : American Medical Association. — Transact. Vol. 31. 1880.

Washington : Nat. Board of Health. — Bullet. I. II. III, 1—3. u. Suppl.

Washington : Navy Department, Bureau of Medicine and Surgery. — Rep. on Yellow Fever 1878—79. — Sanit. and statist. Rep. for 1879.

Washington : Department of the Interior.

Washington : War department, Surgeon general's office. — Index-Catalogue of the Library. I (A—Berlinski) 1880.

Washington : Department of Agriculture of the U. S. A.

Wien : Kaiserl. Academie der Wissenschaften. — Sitzungsber. Mathemat.-nat.-wiss. Classe : I. Abth. 1879, N. 1 bis 10. 1880, N. 1—7. II. Abth. 1879, N. 4—10. 1880, N. 1—7. III. Abth. 1879, N. 6—10. 1880, N. 1—7. Register IX. (B. 76—80).

Wien : K. K. Geologische Reichsanstalt. — Verh. 1880, Nr. 6 bis Schlufs. 1881, Nr. 1—7. — Jahrb. B. 30, Nr. 2. 3. 4. B. 31, Nr. 1. — Wolf, Grubenrevierkarte des Kohlenbeckens v. Teplitz Dux-Brüx. Bl. 10, 13, 14, 16 und Begleitworte. 1880.

Wien : K. K. zoolog. botan. Gesellsch. — Verh. B. 30, 1880.

Wien : Verein zur Verbreitung naturwissenschaftlicher Kenntnisse. — Schriften Bd. 21.

Wien : K. K. Gartenbau-Gesellschaft. — Wiener ill. Garten-Zeitung 1880, H. 7 bis Schlufs. 1881, H. 1—7,

Wien : Naturwiss. Verein an der k. k. techn. Hochschule. — Ber. 1—4.
Wien : K. K. Geograph. Gesellsch. — Mitth. B. 22, 1879. 23, 1880.
Wiesbaden : Nassauischer Verein für Naturkunde. — Jahrbücher, Jg. 31, 32.
Wiesbaden : Verein Nassauischer Land- und Forstwirthe. — Zeitschr. N. F. Jg. 1879. 1880.
Würzburg : Physikal. medicin. Gesellsch. — Verhandl. N. F. B. 15, H. 1 bis 4.
Würzburg : Polytechn. Centralverein für Unterfranken und Aschaffenburg. — Gemeinnütz. Wochenschr., Jg. 1880, Nr. 23 bis Schluſs. 1881, Nr. 1—24.
Zürich : Naturforschende Gesellschaft.
Zwickau : Verein für Naturkunde. — Jahresber. 1879. 1880.

Anlage B.

Geschenke.

Regel : Gartenflora 1880, Juni bis Dec. 1881, Jan. bis Mrz. (Prof. Hoffmann.)
Maurer : Kalk v. Greifenstein. (Vf.)
Fittica : Jahresber. d. Chemie 1879, H. 1. 2. 3. (Ricker'sche Buchh.)
Robinski : Typhus exanthématique. Paris 1880. (Vf.)
Sandberger : Bildung v. Erzgängen. (Vf.)
Böttger : Pupaarten Oceaniens. (Vf.)
Loretz : Ueber Schieferung. Frankf. 1880. (Vf.)
Katalog d. Bibl. d. H. techn. Hochschule, Braunschweig. I. Abth. (Direction.)
Sandberger : Zur Naturgesch. d. Rhön. (Vf.)
Pettersen : Lofoten og Vesteraalen. (Vf.)
Krepp : The Sewage Question. 1867. (Prof. Streng.)
Meneghini : Nuovi fossili delle Alpi Apuane. (Dr. Senoner.)
Uhlworm : Botan. Centralbl. Register 1880. (Red.)
Ber. d. Chem. Ges. zu Frankfurt. a. M. (Prof. Hoffmann.)

Patentblatt und Auszüge a. d. Patentschriften. 1880. 1881. (Prof. Gareis.)
Koch : Gliederung der rhein. Unterdevon-Schichten. (Vf.)
Bücking : Basalt. Gest. d. Thüringer W. u. d. Rhön. (Vf.)
Derselbe : Gebirgsstörungen u. Erosionsersch. SW. v. Thür. Wald. (Vf.)

Anlage C.
Gekaufte Werke.

Petermann Mitth. mit Ergänzungsheften.
Globus.
Der Naturforscher, v. Sklarek.
Polytechn. Notizblatt.
Klein, Wochenschrift f. Astronomie u. s. w.

Anlage D.
Bericht über die vom Juli 1880 bis Juli 1881 in den Monatssitzungen gehaltenen Vorträge.

Vom I. Secretär.

Generalversammlung Samstag den 3. Juli zu Hungen, im Solmser Hof.

Um 11 Uhr eröffnete Prof. Dr. Kehrer die von Giefsen, Hungen und der Umgegend zahlreich besuchte Sitzung; das Protokoll der vorigen Sitzung wurde verlesen und genehmigt.

Prof. Dr. Kehrer sprach über die Thätigkeit der Gesellschaft im letzten Jahre und den 19. Bericht, der demnächst beendet sein wird. In warmer Rede widmete er den Verdiensten des jüngst verstorbenen Hrn. Prof. Phoebus Worte dankbarster Anerkennung. Die Gesellschaft erhob sich zum Zeichen der Uebereinstimmung.

Zu Beamten für das Jahr 1880/81 wurden gewählt:

Als I. Director	Prof. Dr. Laubenheimer,
II. „	Prof. Dr. Röntgen,
I. Secretär	F. v. Gehren,
II. „	Dr. O. Buchner,
Bibliothekar	Prof. Dr. Noack.

Zum Versammlungsort für nächstes Jahr wurde Braunfels bestimmt.

Dr. Frank von Liechtenstein aus Hungen stellte eine Sammlung exotischer Schlangen, Scorpione, Spinnen u. s. w. aus.

Karl Simon von Santa Fiora, Toscana, sprach über den Monte Amiata, ein isolirtes Gebirg von 1782 M. Höhe aus Trachyt, der auf Schichten von Kalk, Thon und Mergel ruht. An der Grenze brechen mächtige Quellen hervor, von welchen viele Säuerlinge und viele bis 40° C. warm sind. Im Bad San Filippo wird der mineralische Absatz der Quellen selbst zum Häuserbau benutzt. — Der Berg ist oben mit Lärchenhochwald bedeckt, darunter folgt eine Zone mit Kartoffeln und Roggen, darauf ein Kastanienwald bis zu 3 Km. Breite; eine außerordentliche Menge von Früchten wird geerntet und in den Handel gebracht oder zu Mehl gemahlen. Unterhalb des Waldes folgt eine gemischte Zone mit Weizen, Oliven und Wein. Der Berg sendet nach verschiedenen Richtungen Ausläufer aus; besonders in dem nach S. sind die reichen Quecksilbergruben, die schon im 12. Jahrh. im Betrieb, dann lange vergessen waren und in neuerer Zeit wieder in Angriff genommen wurden. Jährlich werden durchschnittlich 4000 Flaschen producirt; Californien liefert 80000, Almaden 30 bis 32000, Idria 8000 Flaschen. Alles Quecksilber wird aus Zinnober gewonnen, der im Trachyt, im Letten der Tertiärschichten, in Korallenkalk und in Hornsteinschiefer auftritt. Redner geht genauer auf die Methode der Abscheidung des Quecksilbers durch Kalk oder durch Röstung ein; doch findet immer ein Verlust an Quecksilber statt.

Dr. Ihne von Siegen spricht über *Puccinia Malvacearum* im Anschluſs an seine Mittheilungen im 18. Bericht der Oberhessischen Gesellschaft. Der Pilz hat sich unterdeſs weiter verbreitet und ist an einigen neueren Orten, in Brandenburg und Schlesien, Stettin, St. Goar, Zweibrücken und Frankfurt a. M. beobachtet worden. Die Wanderung findet mit groſser Raschheit statt, theils durch den Handel, theils durch Wind. Redner gedenkt noch seiner Versuche über directe Uebertragung des Pilzes auf gesunde Pflanzen.

Prof. Dr. Hoffmann spricht über die botanischen Untersuchungen des verstorbenen Prof. Phoebus und die aufopferungsfähige, selbstlose und unermüdliche Hingabe bei seinen wissenschaftlichen Forschungen.

Prof. Dr. Alex. Naumann sprach über *die künftige Gestaltung des Heizungswesens*. Kein chemischer Vorgang wird in der Haushaltung und in den Gewerben in so ausgedehutem Maaſse vollzogen wie die Verbrennung. Trotzdem werden im Ganzen und Groſsen nur ungefähr 10 Procent des in den Brennstoffen, den Steinkohlen und Braunkohlen, dem Holz und Torf, gelegenen Wärmevorraths ausgenutzt, die übrigen 90 Procent gehen verloren. Dieser ungeheure Verlust wird hauptsächlich bewirkt durch die unvollkommene Verbrennung in Folge fehlerhafter Luftzufuhr und durch die erwärmt abziehenden Gase. Unter letzteren befinden sich für jedes Kilogramm vollständig verbrannter Kohle mindestens 12 Kilogramme der Luft entstammenden Stickstoffs und gewöhnlich doppelt so viel, also 24 Kilogramme Stickstoff, wenn man dem festen Brennstoff in üblicher und durch die Erfahrung als zweckmäſsig erkannter Weise das doppelte des für die vollständige Verbrennung theoretisch nöthigen Luftvolums zuströmen läſst. Die Anwendung des Brennmaterials in Gasform vermeidet die erstgenannte Verlustquelle fast vollkommen. Die zweite Verlustquelle kann hierdurch ebenfalls möglichst verringert werden, wenn die Umwandlung des festen Brennstoffs in Heizgas in der Art erfolgt, daſs durch die glühenden Kohlen überhitzter Wasserdampf geleitet wird, wodurch Kohlenoxyd und Wasserstoff ($C + H_2O = CO + H_2$) entstehen, ohne Beimengung von Stickstoff. Dieses sogenannte Wassergas (für dessen Bereitung sich Strong ein besonderes, Wärmeverluste thunlichst vermeidendes, Verfahren hat patentiren lassen) verbrennt ohne· zu rufsen zu Kohlensäure und Wasserdampf ($CO + H_2 + O_2 = CO_2 + H_2O$). Für Beleuchtungszwecke mufs es vorher kohlenstoffreichere Körper aufnehmen. Zur Darstellung des Wassergases läfst sich auch geringwerthiges Brennmaterial, wie Braunkohle, Kohlenstaub, Torf u. dgl. verwenden. Angestellte Versuche haben eine Ausbeute von 60 Procent des Wärmevorraths der angewandten festen Brennstoffe ergeben, also sechsmal so viel als die unmittelbare Verbrennung des letzteren. Die Heizung mit Wassergas erfordert ein Röhrennetz, welches aus der Fabrik den Consumenten das Heizgas zuführt. Diesem Nachtheil stehen aber schwer wiegende Vortheile gegenüber, wie die viel höhere Ausnutzung des Heizmaterials, die mögliche Erzielung hoher Hitzgrade, die Verwendbarkeit auch geringwerthiger Brennstoffe, die reinliche und fast arbeitslose Benutzung von Seiten des Consumenten. Ferner ermöglicht die Heizgasanwendung den billigen Betrieb der kleinen wohlfeilen Gasmaschinen, welche in jedem Augenblick beliebig *in* oder *aufser* Gang gesetzt werden können, und deren ausgedehnte Einführung dem Kleingewerbe wieder aufhelfen könnte, gegenüber dem durch die Dampfmaschinen bedingten Grofsbetrieb der Fabriken.

Dr. Buchner spricht über das Rauchen von Opium, Tabak und Hanf und legt eine gröfsere Sammlung von Rauchrequisiten aus China, Hinterindien, Marokko und von Indianern Nordamerikas vor.

Nach dem Schlufs der Sitzung begann das gemeinsame Mittagessen, bei dem würzige Tischreden nicht fehlten.

Statt des Besuchs der Eisensteingrube Vereinigter Wilhelm wurde ein Spaziergang und eine Kegelpartie vorgezogen. Aber schon um 6 Uhr mufste der Heimweg angetreten werden.

Sitzung am 4. August 1880.

Professor Dr. Hoffmann trug vor: Ueber die Frostwirkungen des letzten Winters und zwar speciell über die sehr auffallend hervorgetretene Erscheinung, daſs auf selbst mäſsigen *Höhen*, z. B. dem Gleiberg bei Gieſsen (nur 732 h. d. Fuſs höher als Gieſsen) keine Frostschädigung stattgefunden hat, während in der Niederung in Gieſsen und anderwärts, die Obstbäume in einer beispiellosen Weise geschädigt, eine groſse Anzahl derselben getödtet worden sind.

Da die Temperatur auf diesen Hügeln um einige Grade weniger kalt war als in der Niederung (-17 bis 20^0 gegen -25^0 R. Minimum), so könnte daraus geschlossen werden, daſs auf der Höhe die betr. Bäume einen bestimmten, zum Erfrieren nothwendigen Kältegrad eben noch nicht erreicht hätten.

Es sind aber dringende Gründe vorhanden, anzunehmen, daſs die Tödtung der Gewächse (von nur local wirkenden Frostrissen also abgesehen) nicht beim Gefrieren, sondern durch das rasche Aufthauen stattfindet; daher die wohlthätige Einwirkung einer Schneedecke. (Näheres in des Vortragenden Pflanzen-Climatologie, Leipzig 1857, S. 312 u. d. f.).

Eine zweite, sehr auffallend hervorgetretene Thatsache beweist aber mit Bestimmtheit, daſs nicht jener kleine Unterschied im Kälteextrem die Ursache der Tödtung und Immunität gewesen sein kann. Es sind nämlich in der Niederung am Buchs, an Thuja und andern Pflanzen sehr häufig nur die nach *Süden* (nach der Sonne) exponirten Theile getödtet worden, während die Nordseite desselben Busches, trotz gleichem nächtlichem Minimum der umgebenden Luft, intact blieb.

Redner findet die Ursache darin, daſs eben der intensive Sonnenschein es war, welcher durch die von ihm veranlaſste plötzliche und groſse Temperaturschwankung den betroffenen Theil tödtete. Stieg doch die Temperatur eines der Sonne ausgesetzten Quecksilber-Thermometers im December fast täglich, im Januar täglich über Null Grad; z. B. am 19. Januar auf $+1,5^0$, während gleichzeitig die Luft $-8,3^0$ hatte.

Aehnlich verhält sich, trotz der schützenden Rinde, die Baumtemperatur, welche sehr empfindlich ist gegen strahlende Wärme. Zwei Thermometer, in Secantenrichtung auf der Süd- und Nordseite einer lebenden Eiche derart in den Stamm eingeschoben, dafs ihre Kugeln 2—3 Ctm. von der Oberfläche entfernt im Splint steckten, zeigten an trüben, ruhigen Tagen gleiche Temperatur, z. B. $+3^0$ am 22. Octbr., am sonnigen 24. October dagegen zeigte das südliche um 12 Uhr $+1,1^0$; $^1/_2$ Stunde später $+3,5^0$; um 3 Uhr $+6,0^0$; das nördliche stieg in derselben Zeit nur von $-0,2$ auf $0,0^0$. — Am 2. November betrug der Unterschied sogar 10^0.

Hiernach kann man sich die Temperaturschwankungen an dünnen Zweigen vorstellen, welche um Vieles gröfser sein müssen.

Redner sieht demnach die Ursache der ungleichen Frostschädigung in der ungleichen Gröfse der Temperaturschwankung in gleicher Zeit von Kalt nach Warm. Die plötzliche Erwärmung aber wurde veranlafst theils fast täglich und wiederholt durch den intensiven Sonnenschein, theils einmal und sehr eingreifend durch den am 28. December plötzlich hereingebrochenen Südweststurm mit Regen, welcher die Lufttemperatur in wenigen Stunden von -17^0 auf $+3^0$ erhob. Diese Schwankung mufs auf den Höhen, entsprechend dem schwächeren Minimum, da die kälteste Luft nach unten abfliefst (weil specifisch schwerer), um einige Grade geringer gewesen sein.

Sitzung am 3. November 1880.

Prof. Dr. Streng trug vor : Ueber die geologische Bedeutung der künstlich dargestellten Mineralien.

Bei dem Widerstreit der Ansichten über die Entstehung der krystallinischen Massengesteine stützen sich die Neptunisten auf die Pseudomorphosen und auf die Art des Vorkommens vieler Mineralien, die eine höhere Temperatur völlig ausschliefst, die Plutonisten auf die durchgreifende Lagerung der genannten Gesteine, auf ihr Vorkommen in Kämmen und Decken, auf ihren Zusammenhang mit Vulkanen. Wenn es nun der einen oder der andern Seite gelingt, den vermutheten Vorgang bei der Entstehung künstlich nachzuahmen, so wird dies für die betreffende Ansicht ein wesentlicher Stützpunkt sein. Von den in den krystallinischen Massengesteinen vorkommenden Mineralien sind nur wenige auf nassem Wege künstlich dargestellt worden, dagegen ist es gelungen, die meisten dieser Mineralien aus dem Schmelzflusse darzustellen. So kennt man schon lange das Vorkommen von Feldspath, Augit, Hornblende und Magnetit in Hüttenproducten. Neuerdings ist es nun gelungen Orthoklas, Plagioklas, Quarz, Nephelin, Leucit, Augit, Granat u. s. w. bei höheren Temperaturen künstlich darzustellen.

Die wichtigsten Versuche wurden in dieser Beziehung von Fouqué und Levy ausgeführt, denen es gelang, aus einem geschmolzenen Silicat-Magma durch anhaltendes Erhitzen bis fast zum Schmelzpunkte, d. h. durch sehr langsames Erkalten, je nach Zusammensetzung, ein Gemenge von Plagioklas und Augit, also einen Dolerit, oder ein solches von Nephelin, Spinell und Granat, oder ein solches von Leucit und Augit darzustellen, während von den Neptunisten vielfach die Möglichkeit bestritten worden war, dafs sich aus einer geschmolzenen Masse von Silicaten beim Erkalten mehr als Ein krystallinisches Silicat abscheiden könne. Die Versuche von Fouqué und Levy bilden daher einen neuen, höchst wichtigen Stützpunkt für die Ansicht, dafs die krystallinischen Massengesteine aus dem Schmelzflusse hervorgegangen seien.

Prof. Dr. Laubenheimer spricht : Ueber die künstliche Darstellung des *Krapproths*. Der Hauptbestandtheil des Krapproths ist das Alizarin. Dieses findet sich nicht fertig gebildet in der Krappwurzel, sondern in Form eines Glucosides, des Ruberithrins. Letzteres zerfällt beim Kochen mit Säuren oder Alkalien, sowie durch ein im Krapp enthaltenes Ferment, in Zucker und Alizarin. Das Alizarin $C_{14}H_8O_4$ ist ein Derivat des im Steinkohlentheer enthaltenen Anthracens $C_{14}H_{10}$; letzteres kann aus dem Alizarin durch Erhitzen mit Zinkstaub erhalten werden. Das Anthracen liefert bei Behandlung mit Oxydationsmitteln Anthrachinon $C_{14}H_8O_2$, das bei Einwirkung von Schwefelsäure in Anthrachinondisulfosäure übergeht. Wird diese Anthrachinondisulfosäure mit Aetzkali geschmolzen, so entsteht neben schwefligsaurem Kalium, Alizarin.

Sitzung am 1. December 1880.

Dr. Spamer trug vor: Ueber die Geschichte des sogenannten „thierischen Magnetismus". Die Kenntnifs der Erscheinungen reicht bis in sehr alte Zeit zurück, besonders haben die Indier offenbar schon vor 2000 Jahren dieselben hervorzurufen verstanden. Im Mittelalter finden wir Bemerkungen darüber in einigen ärztlichen Werken, vorzugsweise zu nennen ist das 1646 erschienene des Jesuitenpaters Kircher, betitelt „de arte magnetica".

Die eigentliche Geschichte des s. g. thierischen Magnetismus beginnt indefs erst mit Anton Mesmer. Dieser, 1733 oder 1734 in Weiler bei Constanz geboren, studirte in Wien Medicin und liefs sich dann dort als Arzt nieder. Mit dem Jesuitenpater Hell zusammen fing er an, alle Krankheiten durch Aufsetzen eines grofsen Magneten, oder Bestreichen der Haut mit einem solchen, zu behandeln. Bald fand er, dafs er dasselbe erreichte, wenn er statt des Magneten nur seine Hände gebrauche. 1775 fafste er seine s. g. Lehre in 27 Sätze zusammen und schickte sie an alle deutschen medicinischen Facultäten; bei keiner derselben aber fand er Anklang. 1777 verliefs er Wien, wo ihm auch eine grofse Gegnerschaft erwachsen war und begab sich nach Paris. Er gewann hier den königl. Leibarzt d'Eslon für sich und gründete bald eine s. g. magnetische Heilanstalt. Hier strich er nicht mehr jeden Patienten einzeln, sondern liefs aus sogenannten Gesundheitszübern (baquets) die „magnetische Kraft" oder auch die „magnetische Materie" auf die Schaaren überströmen. Ueber ganz Frankreich breitete sich die Sache aus. 1784 wurde dieselbe auf Befehl Ludwigs XVI. von zwei wissenschaftlichen Commissionen geprüft, 5 Monate lang. Das Urtheil beider lautete vernichtend, Heilerfolge waren keine constatirt, die Erscheinungen, hiefs es, seien Folgen der aufgeregten Phantasie (imagination). Allmählich nahm nun Mesmer's Anhang wieder ab, die frauzösische Revolution fegte den ganzen „Mesmerismus" in Frankreich weg. Mesmer verliefs Paris und starb unbeachtet im Jahr 1815 in Meersburg am Bodensee.

Einer seiner eifrigsten Apostel war Puységur in Paris gewesen. Dieser erfand die heute noch nicht erloschene Sage vom sogenannten magnetischen Hochschlafe oder magnetischen Somnambulismus. Es sollten nämlich, nach ihm, einzelne Frauen durch Fixiren und Bestreichen in einen Zustand kommen, in dem sie in die Zukunft sehen könnten und dgl., auch z. B. trotz verschlossener Augen geschlossene Briefe lesen, wenn ihnen dieselben auf die Magengrube gelegt würden. Diese Personen hiefsen „Somnambulen", der Zustand „Hellsehen" (Clairvoyance). — In dem Todesjahre Mesmer's lebte der Mesmerismus in Frankreich wieder auf, Puységur gründete wieder eine magnetische (oder „harmonische") Gesellschaft, sie breitete sich aber nicht mehr sehr aus. Auch die magnetischen Vorstellungen eines gewissen Dripotet bewegten nicht mehr gröfsere Kreise. Im Jahre 1825 ernannte die Pariser Academie der Medicin wiederum eine Commission zur Prüfung, ob das Hellsehen in der That existire. Keine sogen. Somnambule aber vermochte vor ihr zu erfüllen, was von ihr behauptet worden war. Die Commission fand statt übernatürlicher Erscheinungen nur Nervenkrankheit, Schwärmerei, Selbsttäuschung und absichtlichen Betrug. Im Jahre 1837 liefs sich dieselbe Commission nochmals zur Prüfung der Sache herbei, keine der sogen. Somnambulen vermochte das Lesen verschlossener Briefe auszuführen und sich den dafür ausgesetzten Preis von 3000 Francs zu erwerben. 1840 erklärte die Academie sich mit der Sache nie mehr befassen zu wollen.

Auch in Deutschland lebte der Mesmerismus bald nach Mesmer's Tode wieder auf. Ein Schüler von ihm, der Arzt Wolfarth, gründete in Berlin eine „magnetische Heilanstalt" und gab „Jahrbücher für den Lebensmagnetismus" heraus.

Auch ein „Archiv für den thierischen Magnetismus" wurde später von bedeutenden Klinikern gegründet. In den dreifsiger Jahren erschienen zwei Werke über die Sache, ganz in Mesmer'scher Art gehalten. Justinus Kerner unterlag damals der traurigen Täuschung mit seiner Seherin von Prevorst. In den fünfziger Jahren wieder suchte der Freiherr von Reichenbach mit seiner wunderbaren Od-Lehre die alten Annahmen zu stützen. Die Masse des Volks und besonders der Aerzte blieb diesen Dingen aber immer fern.

Die erste nach allen Richtungen hin exact wissenschaftliche Untersuchung über den Gegenstand rührt von einem Manchesterner Arzte, Namens Braid, her und stammt aus dem Anfang der vierziger Jahre. Er legte dieselben in mehreren Arbeiten nieder, die aber keine grofse Beachtung fanden. Aehnlich erging es dem zweiten ebenbürtigen Bearbeiter, Richet in Paris, beziehungsweise dessen Abhandlung, die 1875 in Paris erschien.

In Deutschland wurde das Interesse für die Sache erst Ende 1879 und Anfang 1880 angefacht und zwar durch die Vorstellungen eines reisenden sogen. Magnetiseurs, des Dänen Hansen. Sie setzte nun aber auch die ganze ärztliche Welt in Bewegung und wir besitzen nun die zweifellos vollständigste Literatur darüber. — Von Braid ist, statt des gänzlich unbezeichnenden Namens „thierischer Magnetismus", für den Zustand „Hypnotismus" (d. h. schlafartiger Zustand) vorgeschlagen und nun ziemlich allgemein angenommen worden.

Die Erscheinungen entstehen durch minutenlanges Einwirken ausschliefslich Eines und zwar kräftigen (aber einförmigen) Sinnesreizes und durch gleichzeitige Concentrirung der Vorstellungen auf Einen Punkt.

Sie zeigen alle möglichen Grade, vom einfachen Müdigkeitsgefühl bis zu vollem, tiefem Schlafe. Nur die Mittelstufen zeigen die charakteristischen Erscheinungen. Sie stellen einen Halbschlaf dar; die erste Erscheinung ist eine Verminderung des Bewufstseins und ihr entsprechend, des Willens. Von selbst, d. h. von den Vorstellungen aus, werden keine Bewegungen mehr ausgeführt, dagegen können äufsere Anstöfse noch solche „automatisch" hervorrufen. Diese äufseren Anstöfse können sein Sinnesempfindungen, also z. B. das Sehen gewisser Bewegungen an Andern, oder auch die von Andern (dem „Magnetiseur") gegebenen Befehle zu Bewegungen. Die Leute sind Automaten geworden. Das Vorsprechen kann ihnen auch gewisse Sinnesempfindungen erregen, z. B. das Vorsprechen, dafs etwas, was man ihnen reicht, gut schmecke. Einzelne spinnen auch solche Empfindungen dann ein wenig weiter aus, zeigen also noch eine gewisse beschränkte geistige Thätigkeit. In andern unvollkommenen Schlafzuständen, z. B. bei lautem Sprechen im Traume, gelingt nicht selten dasselbe.

Besonders merkwürdig ist die nun zuletzt zu erwähnende Erscheinung — die nämlich der erhöhten Erregbarkeit der Muskeln. Leichte Hautreize, z. B. minutenlanges Streichen der Haut des Daumenballens, können alle Körpermuskeln starr machen. Sehr zu bemerken ist, dafs, wenn dies bei einem Individuum wiederholt geschehen war, auch die blofse Einbildung, dafs die Muskulatur eben beeinflufst, starr gemacht werde, diese Starre hervorbringen kann, auch wenn nicht das Mindeste geschieht.

Schliefslich giebt Redner Anhaltspunkte zur physiologischen Würdigung, Erklärung des Zustandes, anknüpfend besonders an den letzterwähnten Satz.

Generalversammlung zu Giessen den 5. Januar 1881.

Director Dr. Soldan trug vor: „Ueber das Aufsteigen und Sinken der Meeresküsten." Schon seit sehr langer Zeit hat man die Bemerkung gemacht, dafs an verschiedenen Stellen der schwedischen Küste das Land auf Kosten des Meeres sich vergröfsert. Man erklärte diese Erscheinung anfangs durch ein Sinken des Meeresspiegels.

Leopold v. Buch fand bei einer 1806—1807 unternommenen Reise, dafs auch die russische Küste des bottnischen Meerbusens langsam vorrücke. Er war der erste, welcher in ganz bestimmter Weise die Ansicht aussprach, dafs diese

Erscheinung nicht in einem Sinken des Meeresspiegels, sondern in einem Aufsteigen des Landes ihren Grund habe.

Gegen Ende des vorigen Jahrhunderts wurden an der Westküste von Grönland gewisse Zeichen gefunden, welche nur durch ein Sinken der Küste zu erklären waren. Die 1830 von dem Dänen Pingel an derselben Stelle vorgenommenen Untersuchungen bestätigten die früheren Beobachtungen. Kurz darauf stellte Darwin auf Grund der Resultate, welche er bei einer 1831—1836 unternommenen Reise gesammelt hatte, seine Hypothese über die Bildung der Koralleninseln oder Atolle des stillen Oceans auf. Nach derselben sind die Atolle auf weit ausgedehnten, allmählich immer tiefer hinabgesunkenen Strecken, durch die Thätigkeit der Korallenthiere aufgebaut worden.

Man nennt solche langsame, über weite Gebiete sich erstreckende Hebungen und Senkungen der festen Erdoberfläche „seculäre Schwankungen". Dieselben sind nicht zu verwechseln mit den viel rascher verlaufenden, aber auf weit kleinere Räume sich beschränkenden, Schwankungen, die man häufig in vulkanischen Gebieten beobachtet.

Seit man durch die an der schwedischen und grönländischen Küste gemachten Beobachtungen auf diese Vorgänge aufmerksam gemacht worden ist, hat man an den verschiedensten Stellen der Erdoberfläche mehr oder weniger sichere Beweise für solche seculäre Bewegungen gefunden.

Die Beweise für das Aufsteigen des Landes bestehen in verschiedenen Anzeigen für ein Zurückweichen des Meeres. Es sind dies vom Wasser zurückgelassene Muschelbänke, durch den Wellenschlag gebildete Strandlinien, ausgewaschene Höhlen, Treibholzlager u. s. w. Für ein Sinken des Landes sprechen die verschiedenen Thatsachen, welche auf ein Zurückweichen des Strandes schliefsen lassen. Sie sind oft schwer zu finden, da das vordringende Meer derartige Spuren verdeckt oder wegwischt. Beweise für das Sinken des Landes sind:

die Bildung von Lagunen an Stellen, wo früher festes

Land war, das allmähliche Versinken von Bauwerken, das Auffinden von unterseeischen Wäldern u. s. w.

Es folgt hier eine Aufzählung von verschiedenen Hebungs- und Senkungsgebieten:

Der nördliche Theil der Westküste von Grönland ist ein Hebungsgebiet, wie sich aus Strandlinien, Treibholzlagern und über dem Meeresspiegel gelegenen Strandseen mit Salzwasser und Seethieren schliefsen läfst. Das Aufsteigen scheint eben noch stattzufinden. Südlich davon ist ein noch fortdauerndes Sinken zu beobachten. An einigen Stellen der Ostküste von Grönland lassen Strandlinien auf ein früheres Emporsteigen schliefsen.

Die Inselgruppen Jan-Mayen, Spitzbergen und Nowaja-Semlja zeigen die Merkmale einer eben noch fortdauernden Hebung. Aehnliche Beobachtungen sind an der arktischen Küste des Festlandes von Europa und Asien gemacht worden.

Die Küste von Ostasien bis zur Mündung des Jang-tse-kiang scheint im Emporsteigen begriffen zu sein, ebenso die japanesische Inselgruppe. Auf der Strecke von der Mündung des Jang-tse-kiang bis zu der des Menam lassen verschiedene Thatsachen ein Sinken vermuthen. Von der Mündung des Menam an bis zu der des Ganges sind an verschiedenen Stellen die Zeichen des Aufsteigens zu beobachten. Die gegenüberliegenden Inseln des indischen Archipels zeigen ein gleiches Verhalten. Von der Gangesmündung an bis zum rothen Meer sind, wenn das Indusdelta ausgenommen wird, nur solche Thatsachen beobachtet worden, welche auf ein Emporsteigen schliefsen lassen.

An den Küsten von Madagaskar findet man Beweise für ein Aufsteigen.

Nach der Darwin'schen Hypothese sitzen die Koralleninseln des indischen und stillen Oceans auf einem grofsen, im Sinken begriffenen Stück Erdoberfläche. Die Richtigkeit der Darwin'schen Annahme wird neuerdings von dem Zoologen der Challengerexpedition, Murray, bestritten. Aber damit ist das Vorhandensein von seculären Schwankungen in jenem Gebiete durchaus nicht in Frage gestellt. Das Verschwinden einzelner Inseln des stillen Oceans und andere Thatsachen deuten auf Senkungen hin, während an anderen Stellen, namentlich da, wo vulkanische Kräfte thätig sind, ein Emporsteigen beobachtet werden kann.

Im Gebiete des Mittelmeeres sind Hebungen und Senkungen zu beobachten. Vom Nildelta bis zur Grenze von Tunis zieht sich ein Senkungsgebiet, während die tunesische Küste selbst im Aufsteigen begriffen ist. Von der Mündung des Nil bis zum schwarzen Meere hin finden sich, wenn man ein Stück der Küste von Lydien ausnimmt, Zeichen, welche für ein Emporsteigen sprechen. Dasselbe ist an verschiedenen Stellen des schwarzen Meeres der Fall. Die Westküsten von Morea und Kreta sind im Emporsteigen, die Ostküsten dagegen im Sinken begriffen. Bei Malta finden sich Beweise für ein Aufsteigen in vorhistorischer und ein Sinken in historischer Zeit. Sicilien, Sardinien und Korsika scheinen emporzusteigen, dagegen finden sich an den Küsten des adriatischen Meeres zahlreiche Beweise für eine bis in die neuere Zeit dauernde Senkung. Die vom Meerbusen von Biskaja bis zum Meerbusen von Nizza ziehende Küste ist, wie zahlreiche Thatsachen bestätigen, im Sinken begriffen. Nur die Nordspitze von Jütland scheint eine Ausnahme zu machen. An den Küsten des finnischen und bottnischen Meerbusens ist ein Aufsteigen des Landes zu beobachten. Es ist sogar gelungen daselbst Messungen anzustellen. An der Westküste von Norwegen lassen Strandlinien und andere Zeichen auf eine einer jüngeren Zeit angehörende Hebung schliefsen, doch scheint im Augenblick ein Stillstand eingetreten zu sein. Aehnliche Beobachtungen sind an verschiedenen Stellen der Küste von Nord-England und Schottland gemacht worden. In Südamerika finden sich an der Westküste von Patagonien die deutlichen Beweise einer Senkung. Ebenso sicher ist von der chilenischen Südgrenze an bis Callao ein Aufsteigen constatirt. An der Nordküste des Meerbusens von Mexiko, namentlich aber an den in diesem

Busen liegenden Inseln finden sich zahlreiche Anzeichen, aus denen man auf ein Emporsteigen schliefsen darf. Die Ostküste der vereinigten Staaten dagegen gehört, wie zahlreiche Beobachtungen, ja sogar Vermessungen bewiesen haben, zu den sinkenden Gebieten.

Sitzung am 16. Februar 1881.

Prof. Dr. Röntgen trug vor : „Ueber die Absorption der Wärmestrahlen durch Gase und das sogenannte Photophon" und theilt eine Anzahl von Resultaten mit, die er nach einer neuen Untersuchungsmethode während der Monate October, November und December 1880 erhalten hat.

S. S. 52.

Sitzung am 9. März 1881.

Prof. Dr. Streng trug vor : „Ueber den Zustand der norddeutschen Ebene während der Eiszeit." Redner ergeht sich zunächst in einer allgemeinen Schilderung der Eiszeit und giebt dann im Einzelnen an, worin die Spuren bestehen, die ein Gletscher hinterläfst.

Die sogenannten glacialen Bildungen der norddeutschen Ebene werden dann in allgemeinen Zügen betrachtet, insbesondere der völlig ungeschichtete, fossilfreie Geschiebelehm (oder Mergel) mit den erratischen Blöcken, deren Heimath Skandinavien ist.

Zur Erklärung dieser glacialen Bildungen der norddeutschen Ebene hat man zwei Hypothesen aufgestellt.

Die ältere, bis zum Jahre 1878 allgemein herrschende Ansicht war die Drifttheorie, wonach die erratischen Blöcke durch Eisberge, welche auf dem diluvialen Meere bis zu dem Nordrand der deutschen Mittelgebirge durch Strömungen getrieben wurden, verschleppt und bei dem allmählichen Abschmelzen derselben über den damaligen Meeresboden, die norddeutsche Ebene, ausgestreut wurden.

Die zweite Ansicht, die Gletschertheorie, ist 1875 von Torrel wissenschaftlich begründet und durch die interessanten Arbeiten von Berendt, Helland, Pluk und Credner seit dem Jahr 1878 in Deutschland eingeführt worden. Nach ihr ist der Geschiebelehm die Grundmoräne eines ungeheuren Gletschers, welcher von Skandinavien aus nicht nur Norddeutschland, sondern auch die russische Tiefebene überfluthete.

Diese Ansicht wird gestützt:
1) durch die Aehnlichkeit des Geschiebelehms mit recenten Grundmoränen;
2) durch das Vorkommen von geschliffenen, geschrammten und geritzten anstehenden Felsen in Sachsen und bei Rüdersdorf;
3) durch das massenhafte Vorkommen geglätteter und geritzter Scheuersteine im Geschiebelehm;
4) durch das Vorkommen von Endmoränen bei Leipzig, in Pommern, Uckermark, Preufsen u. s. w.;
5) durch die Thatsache, dafs deutsche Gesteine, der Neigung des Untergrundes entgegen, nach Süden verschleppt und dabei ebenfalls geglättet und geschrammt worden sind;
6) durch die Thatsache, dafs unter dem Geschiebelehm vielfach oberflächliche Schichtenkreuzungen des Untergrunds nachgewiesen werden können, ähnlich denjenigen Störungen, die ein Gletscher auf unebenem oder ansteigendem Terrain hervorbringt;
7) endlich durch das Vorkommen von Riesenkesseln an Stellen, wo jede andere Entstehungsursache ausgeschlossen ist.

Redner erwähnte ferner, dafs Norddeutschland zwei Mal von Gletschern überschwemmt worden ist, da vielfach der Geschiebelehm in zwei verschiedenen Niveau's vorkommt, die durch *geschichtete* Sande und Thone getrennt sind.

Sitzung am 4. Mai 1881.

Prof. Dr. Fromme trug vor: „Ueber das akustisch-optische Gesetz von Doppler und seine Bedeutung für die Astronomie." Christian Doppler, Professor der Mathematik zu Prag, hat zuerst im Jahre 1842 darauf aufmerksam gemacht, dafs, wenn ein Ton durch die Luft sich fortpflanzt, die von uns wahrgenommene Höhe desselben innerhalb weiterer Grenzen schwanken kann : denn, wenn der Beobachter sich der Tonquelle *annähert,* so empfängt er *mehr* Schallwellen, und wenn er sich von ihr *entfernt,* so empfängt er *weniger* Schallwellen, als wenn er ruht. Im ersteren Falle mufs ihm also der Ton höher, im letzteren tiefer erscheinen, als wenn er ihn in einer unveränderlichen Entfernung von der Tonquelle wahrnimmt. Eine Prüfung der von Doppler aufgestellten Formeln durch Versuche, welche Buys-Ballot auf der Eisenbahn zwischen Utrecht und Maarsen anstellte, ergab deren vollkommene Richtigkeit, ebenso wie spätere Versuche von Montigny, Scott Russell, Vogel, Alfred M. Mayer und Andern.

Indem man die von Doppler für die Fortpflanzung des Schalls gezogenen Folgerungen auf das Licht überträgt, dessen Fortpflanzung wir uns ebenfalls durch wellenförmige Bewegungen, nämlich des Aethers, vermittelt denken, wird man zu dem Schlufs geführt, dafs eine *Annäherung* des Beobachters an die Lichtquelle oder umgekehrt der Lichtquelle an den Beobachter, eine Umwandlung des rothen Lichts der Lichtquelle in orange, des orange in gelb u. s. w. zur Folge haben und dafs umgekehrt einem sich von der Lichtquelle *entfernenden* Beobachter ihr gelbes Licht orange, ihr orange roth u. s. w. erscheinen müsse.

Im einen Falle, bei Annäherung von Lichtquelle und Beobachter, ändern sich die Farben in der Richtung vom rothen Ende des Spectrums zum violetten Ende hin, im andern, bei Entfernung, ändern sie sich in umgekehrter Richtung, vom Violett zum Roth.

Doppler hat durch seine Theorie die Färbung der Doppelsterne zu erklären gesucht, ist aber damit auf lebhaften Widerspruch gestofsen. Schon Buys-Ballot wies nach, dafs das *ursprünglich weifse* Licht eines Sterns durch seine Bewegung gegen unsere Erde hin schon um deswillen uns nicht farbig erscheinen könne, weil das Heraustreten der Endfarben Roth oder Violett aus dem Spectrum, durch den Eintritt der Wärme- oder der chemischen Farben in das Spectrum sofort wieder compensirt werden würde.

Durch diese falsche Anwendung der Doppler'schen Theorie ist ihre Richtigkeit auf optischem Gebiet aber keineswegs in Frage gestellt. Eine Prüfung läfst sich jedoch allein auf astronomischem Wege erreichen, weil alle Geschwindigkeiten, die wir auf der Erde herzustellen vermögen, verschwindend klein gegen die Fortpflanzungsgeschwindigkeiten des Lichts sind.

Die Möglichkeit einer solchen Prüfung ist aber durch die Thatsache bewiesen, dafs die Fixsterne sich nicht nur scheinbar, sondern auch in Wirklichkeit bewegen, d. h. ihre Stellung sowohl gegen einander, als auch gegen unsere Erde ändern.

Die spectralanalytische Untersuchung der Fixsterne hat gezeigt, dafs ihr Spectrum dunkle Linien enthält, welche das Vorhandensein einer Atmosphäre glühender Gase um den Stern anzeigen.

Ist aber das Doppler'sche Princip richtig und bewegen sich einzelne Sterne mit grofser Geschwindigkeit gegen unsere Erde hin oder von ihr fort, so müssen diese, bei ruhendem Stern an genau bestimmbaren Stellen des Spectrums auftretende, Linien ihre Lage ändern.

Kommen aber solche Verschiebungen der dunklen Linien wirklich vor, so bieten sie uns ein Mittel, die Geschwindigkeit zu bestimmen, mit welcher sich der Stern in der Richtung der Gesichtslinie bewegt. — Huggins hat in der That Verschiebungen bei Fixsternen, Zöllner und Vogel solche bei der Sonne beobachtet.

Doch ist die Discussion hierüber noch nicht geschlossen, und man kann bis dahin nicht behaupten, dafs das in der Akustik bewährte Gesetz von Doppler auch auf optischem Gebiet die Prüfung voll und ganz bestanden habe.

Sitzung am 1. Juni 1881.

Dr. Baur trug vor: „Ueber Opium und Morphinismus." Er beginnt damit, unter den wichtigsten Arzneimitteln das

Opium als unstreitbar eines der bedeutendsten hinzustellen, beschreibt die Art der Gewinnung und nennt die Länder, in welchen dasselbe hauptsächlich cultivirt wird. Nach Schilderung des grofsen therapeutischen Nutzens des alten hochberühmten Mittels geht der Vortragende dazu über, die Schattenseiten, welche durch Mifsbrauch des Opiums oder seines wichtigsten Bestandtheiles, des Morphiums, hervorgerufen werden, hervorzuheben, indem er namentlich die Morphiuminjectionen als besonders verhängnifsvoll hinstellt, da durch deren präcise Wirkung besonders die Gefahr des Angewöhnens erzeugt wird. Nach genauer Beschreibung des schauderhaften Krankheitszustandes des Morphiumsüchtigen geht er auf die Behandlung der Morphinisten über und schliefst mit einem Ausfall gegen die indisch-englische Regierung, welche in ihrem scheufslichen Gebahren in der Opiumfrage, China gegenüber, nur auf den Geldbeutel sieht, nicht aber das Gewissen fragt.

Generalversammlung in Braunfels am 2. Juli 1881.

Der I. Director, Prof. Dr. Laubenheimer, eröffnet die Versammlung um ½11 Uhr im Saale des Solmser Hofes und wird vorerst das Protokoll der Sitzung vom 1. Juni 1881 vorgelesen und genehmigt.

Nach einem kurzen Bericht desselben über die seitherige Thätigkeit der Gesellschaft sprach Professor Dr. Hoffmann: „Ueber die Immunität der Vegetation auf Hochpunkten, gegenüber den Winterfrösten" (s. Protokoll der Sitzung vom 4. August 1880). Als Beleg dafür, dafs dieselbe nicht etwa, wie vielfach angenommen wird, in einem wesentlich geringeren Kältegrad als in den Niederungen begründet sei, führt er auf Grund neu eingelaufener Beobachtungen an, dafs auf dem Lahnhof bei 1852 P. F. die niedersten Minima waren:

1879 December $-14{,}6^\circ$ R.; in Giefsen 492 P. F. -25°;
1880 Januar $-17{,}3^\circ$ „ „ „ -21°;
1881 Januar $-18{,}6^\circ$ „ „ „ -23°;

also auch auf der Höhe immerhin sehr bedeutende Kältegrade.

Derselbe trug weiter vor:

Ueber die Form der *Temperaturcurve* in Giefsen, auf Grund 29 jähriger Beobachtungen; speciell über die *constanten Irregularitäten* derselben im Jahreslaufe, von denen die *kalten Heiligen* im Mai die bekanntesten und für den Pflanzenfreund interessantesten sind, weil sie unsere Obstblüthen gefährden, dergleichen sich aber vielfach im Jahre wiederholen. Dieselben verschwinden nicht etwa durch eine längere Beobachtungsreihe, sie zeigen sich ganz ähnlich in der Darmstädter Curve (54 Jahre), Wien 90, Berlin 110, fallen aber nicht überall auf denselben Tag, vielmehr östlich meist 1 bis 2 Tage früher als westlich.

Die Erscheinung ist terrestrisch, ja local, und bis jetzt nicht befriedigend erklärt. Des Vortragenden Ansicht ist folgende:

Er hält diese Oscillationen für den Ausdruck der stets *wechselnden Configuration der Erdoberfläche* gegenüber der hinaufrückenden Sonne.

Wäre die Erdkugel ganz trocken, mit Sand bedeckt, ohne Hochgebirge, so würde die Sonne beim Aufrücken vom Aequator zum nördlichen Wendekreise einen heifsesten Gürtel der Erdoberfläche gleichmäfsig mit sich polwärts emporschieben, alle Orte der nördlichen Hemisphäre würden stetig steigende Temperaturen haben, da die Sonne nicht ruckweise, sondern stetig steigt. Ebenso umgekehrt im Nachsommer.

Factisch aber bescheint die Sonne am 21. März, wo sie über dem Aequator steht, nur halb so viel Festland, als am 21. Juni, wo sie 23° weiter nördlich steht; dazu kommt, dafs im 2. Falle der gröfste Theil des am stärksten besonnten Landes Sandwüste ist, also sehr erhitzbar, im ersten Falle nicht. So bilden sich also statt einer dem Aequator parallelen Zone stärkster Erhitzung (und damit stärkster Aspiration) mit jeder Woche sich verschiebende und verändernde Districte stärkster Erhitzung und Aspiration aus, welche stets andere

Windrichtungen induciren; der Wind aber ist das Wetter und wirkt so mitbestimmend auf die Temperatur, er bestimmt die kleinen Oscillationen in der grofsen Curve, welche vom Steigen der Sonne bedingt ist.

Wenn in 30 bis 40 Jahren eine genügend lange Reihe von täglichen Witterungskarten vorliegen wird, wie deren seit einigen Jahren erscheinen, so wird man den *mittleren Gang* und die mittlere Verschiebung der Aspirationscentren von Tag zu Tag, von Woche zu Woche leicht feststellen können.

Da die Sonne im Nachsommer denselben Weg durch dieselben Gegenden wieder zurückgeht, so werden auch dieselben Oscillationen sich im Wesentlichen wiederholen in dem *sinkenden* Schenkel der Temperaturcurve. Wenn man mittelst Paufspapier eine längere Strecke dieses Schenkels abzeichnet, das Paufspapier dann umkehrt, die Curve auf die aufsteigende Curve legt, so kann man den vermutheten Parallelgang beider Schenkel, die nun beide scheinbar weiterhin steigen, direct prüfen. Freilich fragt es sich *wo* man correcter Weise anlegen soll. Selbstverständlich nicht auf den 21. Juni, da aus bekannten Gründen die Temperatur erst weit später zu sinken anfängt. Legt man die umgedrehte Curve so auf, dafs der 31. October auf den 18. März fällt, so dafs also der Juli unberücksichtigt bleibt, so erhält man, wie der Vortragende meint, einen Parallelismus der beiden Curven, welcher die Wahrscheinlichkeit der vorgetragenen Hypothese, unter Berücksichtigung der Verschiebung und damit Retardation, im Wesentlichen zu bestätigen scheint.

Prof. Dr. Laubenheimer trug vor über die sogen. „leuchtende Farbe", die zwar nicht neu ist, aber doch erst in der Neuzeit weitergehende Beachtung gefunden hat und jetzt auch im Grofsen auf verschiedene noch geheim gehaltene Weise hergestellt wird. Der Vortragende zeigt Proben vor, die leider bei Tageslicht nicht genügend gewürdigt werden konnten und bespricht die Art und Weise der verschiedenen technischen Verwendungen des Materials.

Die Gesellschaft schreitet hierauf zur Wahl der Beamten für das Jahr 1881 auf 82 und werden ernannt

zum I. Director	Professor Dr. Röntgen,
„ II. „	„ „ Ludwig,
„ I. Secretär	F. v. Gehren,
„ II. „	Dr. Buchner,
„ Bibliothekar	Prof. Dr. Noack.

Zum Ort für die nächstjährige Generalversammlung wird Salzhausen und als Tag der zweite Sonntag des Monats Juli 1882 bestimmt.

Druck von Wilhelm Keller in Giefsen.

CPSIA information can be obtained
at www.ICGtesting.com
Printed in the USA
BVHW041344280119
538843BV00005B/128/P